U0270128

大飞机出版工程

总主编　顾诵芬

飞行器结构力学导论

An Introductory Course of Aircraft Structural Mechanics

蒋东杰　编著

上海交通大学出版社
SHANGHAI JIAO TONG UNIVERSITY PRESS

内容提要

　　本书是一本浅显易懂的飞行器结构力学入门教材,内容包括弹性力学基础知识,欧拉-伯努利梁理论,压杆稳定性理论,薄壁工程梁的弯曲、剪切和扭转分析,基于杆板薄壁梁模型的飞行器结构简化,飞机典型结构部件如机身、机翼、机身框、翼肋等经杆板简化后的力学分析,以及面向飞行器薄壁结构的基尔霍夫薄板理论和板的稳定性理论。本书基于作者从事教学和相关课题研究的经验与心得,致力于将弹性力学基础知识与飞行器结构分析相结合,详细阐述飞行器结构建模与分析的常用方法和基本原理。

　　本书适合用作航空航天工程专业或工程力学专业本科生的教科书或相关专业研究生的参考书,亦可供从事飞行器结构设计工作的工程技术人员参考。

图书在版编目(CIP)数据

　　飞行器结构力学导论/ 蒋东杰编著. 一上海:上海交通大学出版社,2024.2
　　(大飞机出版工程)
　　ISBN 978 - 7 - 313 - 30328 - 8

　　Ⅰ.①飞… Ⅱ.①蒋… Ⅲ.①飞行器-结构力学-教材 Ⅳ.①V414

　　中国国家版本馆 CIP 数据核字(2024)第 034159 号

飞行器结构力学导论
FEIXINGQI JIEGOU LIXUE DAOLUN

编　　著:蒋东杰
出版发行:上海交通大学出版社　　　　　　地　　址:上海市番禺路 951 号
邮政编码:200030　　　　　　　　　　　　电　　话:021 - 64071208
印　　制:上海盛通时代印刷有限公司　　　经　　销:全国新华书店
开　　本:710 mm×1000 mm　1/16　　　　印　　张:14.75
字　　数:254 千字
版　　次:2024 年 2 月第 1 版　　　　　　印　　次:2024 年 2 月第 1 次印刷
书　　号:ISBN 978 - 7 - 313 - 30328 - 8
定　　价:68.00 元

前　　言

到 2023 年底前，我已经讲授了四个学期的"飞行器结构力学"课程。在上海交通大学航空航天工程专业的本科生培养方案中，这门课上承"固体力学与结构"，下接"有限元方法"，帮助学生形成固体力学的知识框架，引领他们跨入这一古老而新奇的世界。给每一届学生上课时，我都努力将同学们提出和发现的问题，以及在考核过程中凸显的学习难点记录并整理下来，尽力在下一次讲课时予以体现和强调。经过几年的积累，我深感有必要将课程内容整理出版，以配合本课程教学工作的不断更新和优化。

本教材的内容包括弹性力学基础知识，欧拉-伯努利梁理论，压杆稳定性理论，薄壁工程梁的弯曲、剪切和扭转分析，基于杆板薄壁梁模型的飞行器结构简化，飞机典型结构部件如机身、机翼、机身框、翼肋等经杆板简化后的力学分析，以及面向飞行器薄壁结构的基尔霍夫薄板理论和板的稳定性理论。本书基于作者从事结构力学教学和科研的经验与心得编写，致力于将弹性力学基础理论与飞行器结构的分析相结合，详细阐述飞行器结构建模与分析的常用方法和基本原理，努力构建理论知识与工程应用之间的桥梁。

在本书的编写过程中，我得到了学院领导和同事的很多帮助，在此向他们表示诚挚的感谢。同时感谢我的研究生丛智远同学绘制了本书的大量图片，并参与了书稿的校对。

囿于编著者学养和视野的限制，书中尚存在些许缺陷，期望读者不吝批评指正。

编著者

2023.10

目　　录

第1章　绪论　1

　1.1　本书内容框架　1

　1.2　应力及平衡　2

　　1.2.1　应力　2

　　1.2.2　面力　3

　　1.2.3　应力的平衡方程　4

　　1.2.4　应力的转换与莫尔圆　6

　1.3　应变及变形协调　9

　　1.3.1　应变的定义与内涵　9

　　1.3.2　应变协调方程　11

　1.4　本构关系,广义胡克定律　12

　1.5　弹性力学问题的微分提法　13

　1.6　能量原理　14

　　1.6.1　应变能与应变余能　14

　　1.6.2　可能状态与可能功原理　17

　　1.6.3　功的互等定理、单位载荷法　18

　　1.6.4　虚功原理与余虚功原理　20

　　1.6.5　最小势能原理与最小余能原理　21

　1.7　本章习题　23

第2章　梁理论　27

　2.1　欧拉-伯努利梁理论　27

　　　2.1.1　梁的内力与坐标系　27

　　　2.1.2　梁弯曲时的应力与挠度　28

　　　2.1.3　梁的边界条件　30

　　　2.1.4　梁因挠曲引发的轴向运动　31

　　2.2　含轴力的梁　33

　　　2.2.1　定解方程　33

　　　2.2.2　两端受约束的简支梁　33

　　　2.2.3　横载和轴压同时作用的简支梁　36

　　　2.2.4　受轴压的带缺陷简支梁和索斯维尔图　38

　　2.3　求解梁问题的方法　40

　　　2.3.1　直接积分法　40

　　　2.3.2　奇异函数法　41

　　　2.3.3　单位载荷法　43

　　　2.3.4　瑞利-里茨法　44

　　2.4　本章习题　46

第3章　压杆的屈曲　49

　　3.1　基本问题：简支梁受压屈曲　49

　　3.2　其他边界条件　51

　　3.3　一般情形下的临界载荷与有效长度　55

　　3.4　临界应力、回转半径、长细比　55

　　3.5　提高压杆稳定性的措施　56

　　3.6　用最小势能原理计算压杆的临界载荷　57

　　3.7　本章习题　59

第4章　薄壁梁的弯曲　62

　　4.1　工程梁理论　62

　　4.2　梁的弯曲应力分布　62

　　4.3　梁截面的惯性矩、平行轴定理　65

　　4.4　非对称截面梁弯曲应力计算示例　67

　　4.5　挠度分析　68

　　4.6　薄壁截面惯性矩的近似计算　71

4.7 热效应 74

4.8 本章习题 77

第5章 薄壁梁的剪切 79

5.1 薄壁梁的受力分析：壁板的平衡微分方程 79

5.2 薄壁梁的变形分析：应变与位移 80

5.3 开口薄壁梁的剪切 82

5.3.1 剪流的计算 82

5.3.2 剪力中心 86

5.4 闭口薄壁梁的剪切 87

5.4.1 闭口梁中的剪流 87

5.4.2 受剪闭口薄壁梁的扭转与翘曲 91

5.4.3 闭口梁的剪心 93

5.5 本章习题 95

第6章 薄壁梁的扭转 97

6.1 单闭室闭口薄壁梁的自由扭转 97

6.1.1 剪流与剪应力 97

6.1.2 变形分析：扭率、扭转角、挠度 98

6.1.3 变形分析：翘曲位移 99

6.1.4 闭口薄壁梁扭转无翘曲条件 106

6.2 开口薄壁梁的扭转 107

6.2.1 预备知识：柱形杆的自由扭转 107

6.2.2 开口薄壁梁扭转问题的近似解 112

6.3 本章习题 114

第7章 开闭组合截面梁 117

7.1 弯曲 117

7.2 剪切 117

7.3 扭转 120

7.4 本章习题 122

第 8 章　飞机主要结构的杆板简化 124

　　8.1　结构简化的原则 124

　　8.2　杆板简化对薄壁梁分析的影响 127

　　　　8.2.1　简化对弯曲的影响 127

　　　　8.2.2　简化对剪切的影响：开口截面梁 128

　　　　8.2.3　简化对剪切的影响：闭口截面梁 132

　　　　8.2.4　简化对扭转的影响 134

　　8.3　薄壁梁在弯剪扭载荷下的挠度计算 135

　　　　8.3.1　扭转 135

　　　　8.3.2　弯曲 135

　　　　8.3.3　剪切 136

　　8.4　本章习题 137

第 9 章　翼梁和箱型梁的分析 139

　　9.1　锥型翼梁 139

　　9.2　带锥度的开闭口薄壁梁 140

　　9.3　后掠翼的分析 144

　　9.4　本章习题 147

第 10 章　机身的分析 148

　　10.1　机身的弯曲 148

　　10.2　机身的剪切与扭转 149

　　10.3　本章习题 153

第 11 章　机翼：多闭室薄壁梁的弯剪扭 154

　　11.1　机翼的弯曲 154

　　11.2　机翼的扭转 156

　　11.3　机翼的剪切 159

　　11.4　本章习题 163

第 12 章　机身框和翼肋的分析 165

　　12.1　杆板结构在面内载荷作用下的轴力与剪流 165

12.2　机身隔框　167

12.3　翼肋　168

第13章　薄板理论　173

13.1　薄板理论基础　173

13.1.1　薄板的定义　173

13.1.2　基本假设　174

13.1.3　板的内力　174

13.1.4　作用在板上的外力　175

13.2　板的纯弯曲　176

13.3　弯扭同时作用的板　178

13.3.1　任意方向截面上的弯矩与扭矩,主力矩与主方向　178

13.3.2　扭矩与挠度的关系　179

13.4　薄板的定解问题微分提法:平衡方程与边界条件　181

13.4.1　平衡方程　181

13.4.2　边界条件　182

13.4.3　基尔霍夫板理论的一个内在缺陷　185

13.5　轴对称圆板解　185

13.6　四边简支矩形板的纳维解　188

13.7　弯曲与面内载荷共同作用下的板　191

13.8　含初始缺陷的板的弯曲　194

13.9　薄板问题的能量法　196

13.9.1　板的总势能　196

13.9.2　四边简支矩形板的能量法　197

13.9.3　瑞利-里茨法　198

13.10　本章习题　200

第14章　板的稳定性　203

14.1　矩形板单向受压屈曲　203

14.1.1　理论模型　203

14.1.2　临界载荷　204

14.1.3　临界应力　206

14.1.4 增强薄板稳定性的措施 207

14.2 带缺陷方板临界载荷值确定和索斯维尔图 208

14.3 薄壁梁的局部失稳 208

14.4 加筋板的屈曲临界应力分析 211

14.5 张力场梁 213

14.5.1 腹板中的应力状态 214

14.5.2 缘条中的应力状态 215

14.5.3 加强筋中的轴力 216

14.5.4 皱纹的倾斜角 216

14.6 本章习题 218

附录 专业术语英汉对照表 220

参考文献 224

第1章 绪 论

1.1 本书内容框架

结构力学是固体力学的一个分支,飞行器结构力学则是一门从力学的视角来研究飞行器结构安全的重要学科。

结构力学的核心关注点是结构的强度、刚度和稳定性。强度衡量结构抵抗破坏的能力,刚度衡量结构抵抗变形的能力,而稳定性则描述结构保持当前平衡状态的能力。强度的重要性是不言而喻的,设计人员绝不允许飞机发生诸如断裂之类的结构破坏。刚度对于飞行器也很重要,例如机翼需要保持其气动外形,才能按照设计提供升力。稳定性的问题则广泛存在于受到压缩的各种细长和薄壁结构之中,典型的就是压杆屈曲。

结构力学的基本原理适用于各种结构,如建筑、路桥、海洋结构物、船舶、车辆等人造物,以及生物体、天体等自然界已存在的物体,并不限于飞行器。然而,飞行器的结构有其自身的特点,最突出的便是广泛使用加筋薄板。以飞机为例,飞机的主要组成部分如机身、机翼、尾翼都可以看作由杆件在纵向强化的薄壁梁,这种设计是在保证强度和减轻重量之间取得平衡的自然结果。关于飞机结构的演化和现状,可参考诸多专著[1-4]。

本书的内容框架如图1.1所示。为了对结构的强度、刚度和稳定性进行分析和预测,首先需要建立基本的力学概念,如应力、应变、本构关系、应变能。第1章对这些基本概念进行回顾。梁是最基础的结构模型,第2、3章回顾并拓展欧拉-伯努利梁理论以及在此基础上的欧拉压杆屈曲问题,为后续章节逐步向杆板薄壁梁模型推进奠定基础;板是梁在横向的拓展,用板理论对飞机结构进行分析将获得更高的精度,但是相比基于梁理论的分析也将更加复杂,因此在最后两章即第13、14章介绍基尔霍夫薄板理论以及板的稳定性分析。第4~7章介绍不含加强筋的工程薄壁梁在弯曲、剪切、扭转之下的应力和变形。第8章介绍如何将飞机中广泛采用的加筋板结构简化为杆板模型,以及杆板简化对薄壁梁弯剪扭分析的影响。第9～12章分别介绍利用杆板模型对翼梁、机身、机翼、机身框和翼肋等飞机主要构件进行力学分析,以快速给出可供初步设计使用的结果。

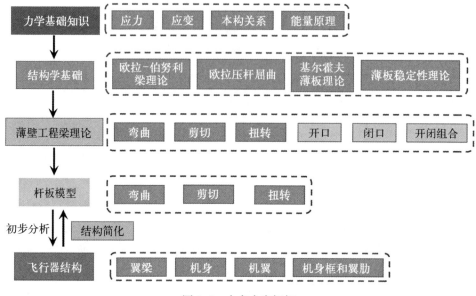

图 1.1 本书内容框架

1.2 应力及平衡

1.2.1 应力

应力是连续介质力学中最重要的概念之一,它描述了连续体中某一点处的受力状态。应力概念的建立标志着人们对于结构受载这一现象由感性认识上升到了理性认识,也是结构分析与设计由经验走向科学的开端。

在三维空间中,我们考虑一个长方体微元,它在三个方向的尺寸为 δx, δy, δz,如图 1.2(a)所示。这个微元足够大,远大于晶粒的特征尺寸,以至于我们不必顾虑其晶体结构;同时它又足够小,以至于可以认为作用在相对两侧面的力之差是更高阶的小量,这就意味着,我们可以用微积分的思想来研究它。记在法方向为 i 轴的表面上沿 j 方向作用的应力分量为 σ_{ij},指标 i,$j=1$,2,3 或 x,y,z。

应力是一个二阶张量,如图 1.2(a)所示,可以写成如式(1.1)所示的矩阵形式。

$$\begin{pmatrix} \sigma_{xx} & \sigma_{xy} & \sigma_{xz} \\ \sigma_{yx} & \sigma_{yy} & \sigma_{yz} \\ \sigma_{zx} & \sigma_{zy} & \sigma_{zz} \end{pmatrix}, \text{通常简记为} \begin{pmatrix} \sigma_x & \tau_{xy} & \tau_{xz} \\ \tau_{yx} & \sigma_y & \tau_{yz} \\ \tau_{zx} & \tau_{zy} & \sigma_z \end{pmatrix} \tag{1.1}$$

对于平面问题,例如在 xy 平面内,应力状态则如图 1.2(b)所示。

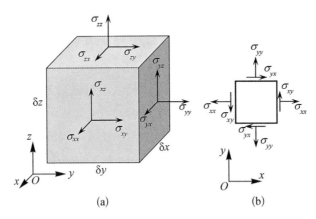

图 1.2 应力示意图

(a) 三维空间;(b) xy 平面内

1.2.2 面力

基于应力的概念,我们可以讨论面力,也就是单位面积上的力。如图 1.3 所示,在一个法向量为 n 的面上,记单位面积所受到的力为 t,亦即面力。既然是力,那么面力 t 就是一个矢量。考虑图 1.3 中四面体的平衡,可得

$$t = n\boldsymbol{\sigma} \tag{1.2}$$

或写成矩阵形式

$$\begin{bmatrix} t_x \\ t_y \\ t_z \end{bmatrix} = \begin{bmatrix} \sigma_x & \tau_{yx} & \tau_{zx} \\ \tau_{xy} & \sigma_y & \tau_{zy} \\ \tau_{xz} & \tau_{yz} & \sigma_z \end{bmatrix} \begin{bmatrix} n_x \\ n_y \\ n_z \end{bmatrix} \tag{1.3}$$

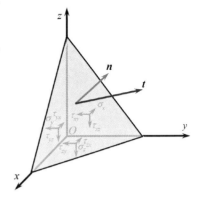

图 1.3 三维空间中的面力示意图

式(1.3)说明,应力 σ_{ij} 就是以坐标轴 i 为法向的平面上面力的第 j 分量。

式(1.2)称为柯西公式,又称斜面应力公式。它表明,在该物质点处,任意方向的斜面上的单位面积的力都可以通过应力张量 $\boldsymbol{\sigma}$ 和斜面的单位法向量 n 计

算,可见应力张量 **σ** 是对该点受力状态的完整刻画。

对于三维空间中的连续体,如果在边界上法向为 **n** 的某处有外界施加的单位面积外力 **T**,则该处的边界条件写为

$$n\boldsymbol{\sigma} = T \tag{1.4}$$

1.2.3　应力的平衡方程

三维空间中处于平衡状态的一个连续体,其整体和任何一部分都应处于平衡状态。这里的平衡,指的是保持静止或做匀速直线运动,换言之,加速度为零。

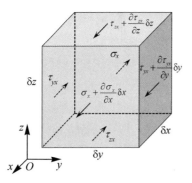

图 1.4　应力微元示意图(仅显示沿 x 方向作用的应力分量)

考虑其中的一个微元,如图 1.4 所示,为了图不至于过分杂乱,仅显示作用在 x 方向的应力分量。与图 1.2 不同的是,相对两侧面上的应力分量由于坐标的差异而产生了一个变化,即差分,差分可以近似用微分来代替。为了考察微元的平衡,需要仔细考虑作用在其上的力和力矩。

根据前两节的讨论,我们知道应力其实就是周边的连续体作用在该微元上的面力分量,此外还有体力(即单位体积的力)作用在该微元上,记作 $\boldsymbol{f}$,在三个方向上的分量分别记为 f_x,f_y,f_z。考察该微元在 x 方向上的平衡,有

$$\left(\sigma_x + \frac{\partial \sigma_x}{\partial x}\delta x\right)\delta y\delta z - \sigma_x \delta y\delta z + \left(\tau_{yx} + \frac{\partial \tau_{yx}}{\partial y}\delta y\right)\delta z\delta x - \tau_{yx}\delta z\delta x +$$

$$\left(\tau_{zx} + \frac{\partial \tau_{zx}}{\partial z}\delta z\right)\delta x\delta y - \tau_{zx}\delta x\delta y + f_x \delta x\delta y\delta z = 0 \tag{1.5}$$

简化后得

$$\frac{\partial \sigma_x}{\partial x} + \frac{\partial \tau_{yx}}{\partial y} + \frac{\partial \tau_{zx}}{\partial z} + f_x = 0 \tag{1.6}$$

同理,对微元在 y 和 z 方向的平衡进行分析,可得到另外两个应力平衡方程

$$\frac{\partial \tau_{xy}}{\partial x} + \frac{\partial \sigma_y}{\partial y} + \frac{\partial \tau_{zy}}{\partial z} + f_y = 0 \tag{1.7}$$

$$\frac{\partial \tau_{xz}}{\partial x} + \frac{\partial \tau_{yz}}{\partial y} + \frac{\partial \sigma_z}{\partial z} + f_z = 0 \tag{1.8}$$

用张量的指标记法可以简记为

$$\sigma_{ij,i} + f_j = 0 \tag{1.9}$$

用张量实体符号记法可以写为

$$\nabla \cdot \boldsymbol{\sigma} + \boldsymbol{f} = \boldsymbol{0} \tag{1.10}$$

式中，∇ 为梯度算符(读作 nabla，因倒三角符号形似纳布拉琴)。

以上是关于力的平衡方程。

有同学可能会问：为什么图 1.2 中相对两侧面上的同一个应力分量不考虑微分，而图 1.4 两侧面上的同一个应力分量要考虑微分呢？其实是不矛盾的。图 1.2 表达的是，各个应力分量作为空间坐标(x, y, z)的函数都是**连续**的，当微元尺寸趋于零时，相对两侧面上的同一个应力分量趋于一致。图 1.4 关注的其实是应力分量的导数，自然需要计算相对两侧面上的同一个应力分量之间的差，以及这个差在微元尺寸趋于零时的极限。请读者仔细体会微积分处理无限小的思想。

我们也可以从整体的视角出发考察连续体的平衡。一般教科书上通常画一个土豆形物体表示连续体，这连续体有时被戏称为"固体力学土豆"(solid mechanics potato)，此处省略不画。假设它在三维空间中占据的区域为 V，边界为 ∂V，则连续体整体的平衡方程为

$$\begin{aligned} 0 &= \int_V f_i \, \mathrm{d}V + \int_{\partial V} t_i \, \mathrm{d}S = \int_V f_i \, \mathrm{d}V + \int_{\partial V} \sigma_{ji} n_j \, \mathrm{d}S \\ &= \int_V f_i \, \mathrm{d}V + \int_V \sigma_{ji,j} \, \mathrm{d}V = \int_V (\sigma_{ji,j} + f_i) \, \mathrm{d}V \end{aligned} \tag{1.11}$$

式中第三个等号的推导运用了高斯定理。注意，式(1.11)中的 V 可以替换成它的任何一个子集，所以式(1.11)导出了式(1.9)。

接下来考察力矩的平衡。可以继续使用如图 1.4 所示的微元，请读者自行尝试分析。我们不妨考虑连续体整体的力矩平衡，假设在以某个参考点 O 为原点的参考系中，任一点的坐标为 $\boldsymbol{x} = x_i \boldsymbol{e}_i$，所以作用在连续体上的总力矩为

$$0 = \int_V \boldsymbol{x} \times \boldsymbol{f} \, dV + \int_{\partial V} \boldsymbol{x} \times \boldsymbol{t} \, dS = \int_V x_i f_j e_{ijk} \boldsymbol{e}_k \, dV + \int_{\partial V} x_i t_j e_{ijk} \boldsymbol{e}_k \, dS$$

$$= \int_V x_i f_j e_{ijk} \boldsymbol{e}_k \, dV + \int_{\partial V} x_i n_l \sigma_{lj} e_{ijk} \boldsymbol{e}_k \, dS = \int_V x_i f_j e_{ijk} \boldsymbol{e}_k \, dV + \int_V (x_i \sigma_{lj})_{,l} e_{ijk} \boldsymbol{e}_k \, dV$$

$$= \int_V x_i f_j e_{ijk} \boldsymbol{e}_k \, dV + \int_V (x_{i,l} \sigma_{lj} + x_i \sigma_{lj,l}) e_{ijk} \boldsymbol{e}_k \, dV$$

$$= \int_V x_i (f_j + \sigma_{lj,l}) e_{ijk} \boldsymbol{e}_k \, dV + \int_V x_{i,l} \sigma_{lj} e_{ijk} \boldsymbol{e}_k \, dV = \int_V \delta_{il} \sigma_{lj} e_{ijk} \boldsymbol{e}_k \, dV$$

$$= \left(\int_V \sigma_{ij} e_{ijk} \, dV \right) \boldsymbol{e}_k \tag{1.12}$$

式中, e_{ijk} 为置换符号, 当 ijk 为 123 的偶置换时, e_{ijk} 为 1, 奇置换时, e_{ijk} 为 -1, 其他情况为零。由式(1.12)可得 $\sigma_{ij} e_{ijk} = 0$, 亦即

$$\sigma_{ij} = \sigma_{ji} \tag{1.13}$$

式(1.13)的形式非常简单, 却暗示一个极为重要的事实: 应力张量是对称张量! 这个事实成立的必要条件是没有外加的体力矩, 否则式(1.12)中会加上体力矩项。对于大部分情况, 这一条件是满足的。

请思考: 什么时候有体力矩呢?

1.2.4 应力的转换与莫尔圆

前述应力分量 σ_{ij} 是在坐标系 $Oxyz$ (标架为 $\boldsymbol{e}_i$) 中测得的。假如观察者歪个头, 在坐标系 $Ox'y'z'$ (标架为 $\boldsymbol{e}_i'$) 中重新度量应力的分量为 σ_{ij}'。可以想象一般情况下 $\sigma_{ij}' \neq \sigma_{ij}$。 但是物体的受力状态是客观事实, 不应依赖于观察者, 亦即

$$\sigma_{ij}' \boldsymbol{e}_i' \boldsymbol{e}_j' = \sigma_{ij} \boldsymbol{e}_i \boldsymbol{e}_j \tag{1.14}$$

设两个标架的单位正交基之间的转换关系为

$$\boldsymbol{e}_i' = \beta_{ij} \boldsymbol{e}_j \tag{1.15}$$

利用 $\boldsymbol{e}_i \cdot \boldsymbol{e}_j = \delta_{ij}$ 可得转换系数的计算方法 $\beta_{ij} = \boldsymbol{e}_i' \cdot \boldsymbol{e}_j$。

再有 $\boldsymbol{e}_i' \cdot \boldsymbol{e}_j' = \beta_{ik} \boldsymbol{e}_k \cdot \boldsymbol{e}_j' = \beta_{ik} \beta_{jk} = \delta_{ij}$, 可知转换系数组成的矩阵是正交矩阵, 因此由式(1.15)可得

$$\beta_{ik} \boldsymbol{e}_i' = \beta_{ik} \beta_{ij} \boldsymbol{e}_j = \delta_{kj} \boldsymbol{e}_j = \boldsymbol{e}_k \tag{1.16}$$

注意, $\beta_{ki} \beta_{kj} = \delta_{ij}$ 可以由 $[\beta][\beta]^T = \boldsymbol{I} = [\beta]^T[\beta]$ 直接得到, 也可以这样推理

$$\beta_{ik}\beta_{ij}=(\boldsymbol{e}'_i\cdot\boldsymbol{e}_k)(\boldsymbol{e}'_i\cdot\boldsymbol{e}_j)=[(\boldsymbol{e}'_i\cdot\boldsymbol{e}_k)\boldsymbol{e}'_i]\cdot\boldsymbol{e}_j=\boldsymbol{e}_k\cdot\boldsymbol{e}_j=\delta_{kj} \tag{1.17}$$

其中用到了关于三个矢量的恒等式 $(\boldsymbol{a}\cdot\boldsymbol{b})\boldsymbol{c}=\boldsymbol{a}\cdot(\boldsymbol{b}\otimes\boldsymbol{c})=\boldsymbol{b}\cdot(\boldsymbol{a}\otimes\boldsymbol{c})$。

将式(1.16)代入式(1.14),得

$$\sigma'_{mn}\boldsymbol{e}'_m\boldsymbol{e}'_n=\sigma_{ij}\beta_{mi}\boldsymbol{e}'_m\beta_{nj}\boldsymbol{e}'_n \tag{1.18}$$

即

$$\sigma'_{mn}=\beta_{mi}\beta_{nj}\sigma_{ij} \tag{1.19}$$

写成矩阵形式为

$$[\sigma']=[\beta][\sigma][\beta]^{\mathrm{T}} \tag{1.20}$$

例题 1.1 应力转换

设坐标系 $Ox'y'z'$ 由坐标系 $Oxyz$ 绕 z 轴按右手法则旋转 θ 角而得,请计算旋转系数 β_{ij},以及两个坐标系中应力分量 σ'_{ij} 与 σ_{ij} 的关系。

解: 如题所述,两个坐标系及基矢量的关系如图 1.5 所示,可知

$$\boldsymbol{e}'_1=\cos\theta\boldsymbol{e}_1+\sin\theta\boldsymbol{e}_2 \tag{1.21}$$

$$\boldsymbol{e}'_2=-\sin\theta\boldsymbol{e}_1+\cos\theta\boldsymbol{e}_2 \tag{1.22}$$

$$\boldsymbol{e}'_3=\boldsymbol{e}_3 \tag{1.23}$$

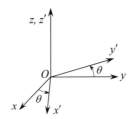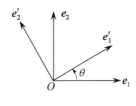

图 1.5 坐标系的转动

根据式(1.15)或者 $\beta_{ij}=\boldsymbol{e}'_i\cdot\boldsymbol{e}_j$ 可得转换系数矩阵

$$[\beta]=\begin{bmatrix}\beta_{11}&\beta_{12}&\beta_{13}\\\beta_{21}&\beta_{22}&\beta_{23}\\\beta_{31}&\beta_{32}&\beta_{33}\end{bmatrix}=\begin{bmatrix}\cos\theta&\sin\theta&0\\-\sin\theta&\cos\theta&0\\0&0&1\end{bmatrix} \tag{1.24}$$

再由式(1.20)可得转换后的应力分量

$$
\begin{bmatrix} \sigma'_x & \tau'_{xy} & \tau'_{xz} \\ \tau'_{xy} & \sigma'_y & \tau'_{yz} \\ \tau'_{xz} & \tau'_{yz} & \sigma'_z \end{bmatrix} = \begin{bmatrix} \cos\theta & \sin\theta & 0 \\ -\sin\theta & \cos\theta & 0 \\ 0 & 0 & 1 \end{bmatrix} \begin{bmatrix} \sigma_x & \tau_{xy} & \tau_{xz} \\ \tau_{xy} & \sigma_y & \tau_{yz} \\ \tau_{xz} & \tau_{yz} & \sigma_z \end{bmatrix} \begin{bmatrix} \cos\theta & -\sin\theta & 0 \\ \sin\theta & \cos\theta & 0 \\ 0 & 0 & 1 \end{bmatrix}
$$

$$(1.25)$$

展开后得

$$\sigma'_x = \sigma_x \cos^2\theta + \sigma_y \sin^2\theta + 2\tau_{xy}\sin\theta\cos\theta \tag{1.26}$$

$$\sigma'_y = \sigma_x \sin^2\theta + \sigma_y \cos^2\theta - 2\tau_{xy}\sin\theta\cos\theta \tag{1.27}$$

$$\tau'_{xy} = -\sigma_x \sin\theta\cos\theta + \sigma_y \sin\theta\cos\theta + \tau_{xy}(\cos^2\theta - \sin^2\theta) \tag{1.28}$$

$$\tau'_{xz} = \tau_{xz}\cos\theta + \tau_{yz}\sin\theta \tag{1.29}$$

$$\tau'_{xz} = -\tau_{xz}\sin\theta + \tau_{yz}\cos\theta \tag{1.30}$$

$$\sigma'_z = \sigma_z \tag{1.31}$$

式(1.26)~式(1.28)就是平面应力状态下的应力转换公式,也是莫尔圆的理论基础。需要注意式(1.29)和式(1.30)。

例题 1.2 二维应力莫尔圆

接例题 1.1。注意到式(1.26)~式(1.28),有

$$\sigma'_x + \sigma'_y = \sigma_x + \sigma_y \tag{1.32}$$

这其实就是应力的第一不变量。将式(1.26)~式(1.28)改写为

$$
\begin{aligned}
\sigma'_x &= \frac{\sigma_x + \sigma_y}{2} + \frac{\sigma_x - \sigma_y}{2}\cos 2\theta + \tau_{xy}\sin 2\theta \\
&= \frac{\sigma_x + \sigma_y}{2} + R\cos(2\alpha - 2\theta)
\end{aligned} \tag{1.33}
$$

$$\sigma'_y = \frac{\sigma_x + \sigma_y}{2} - R\cos(2\alpha - 2\theta) \tag{1.34}$$

$$\tau'_{xy} = R\sin(2\alpha - 2\theta) \tag{1.35}$$

式中,R 为

$$R = \sqrt{\left(\frac{\sigma_x - \sigma_y}{2}\right)^2 + \tau_{xy}^2} \tag{1.36}$$

α 角满足

$$\cos 2\alpha = \frac{\sigma_x - \sigma_y}{2R}, \quad \sin 2\alpha = \frac{\tau_{xy}}{R} \tag{1.37}$$

在二维平面上建立坐标系,横轴为正应力,纵轴为剪应力。取 $\left(\dfrac{\sigma_x + \sigma_y}{2}, 0\right)$ 为圆心,以 R 为半径画一圆,该圆称为莫尔圆,点 (σ_x, τ_{xy}) 和点 $(\sigma_y, -\tau_{xy})$ 分别位于一条直径的两端。当在现实空间中将坐标系绕 z 轴沿逆时针转动 θ 角时,根据式(1.33)~式(1.35)可知该直径绕圆心沿顺时针方向转动 2θ 角,两端点分别达到 (σ'_x, τ'_{xy}) 和 $(\sigma'_y, -\tau'_{xy})$,如图 1.6 所示。莫尔圆为我们记忆和运用应力的转换公式带来了极大的便利,只要记住莫尔圆的绘制方法以及坐标转动时直径如何转动,可以直接推导出式(1.33)~式(1.35)。

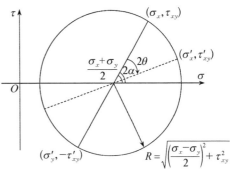

图 1.6　二维应力莫尔圆

当 $\theta = \alpha$ 时,$\tau'_{xy} = 0$,且 σ'_x 和 σ'_y 分别达到最大、最小主应力,可见 α 就是主方向所在的角度。

1.3　应变及变形协调

1.3.1　应变的定义与内涵

应变的概念源自对物体变形程度的度量。对于一维的情形,一根位于 x 轴的杆上各点都沿 x 轴运动,记位移为 u。考虑其中的一段线元,如图 1.7 所示,初始长度为 δx,左侧端点的位移为 u,右侧端点的位移为 $u + \dfrac{\mathrm{d}u}{\mathrm{d}x}\delta x$。注意,这里已经用了微积分的思想,默认位移 $u(x)$ 是可导的。

当 $\delta x \to 0$ 时,这段线元长度的相对变化定义为应变 ε:

$$\varepsilon = \lim_{\delta x \to 0} \frac{\delta l}{\delta x} = \lim_{\delta x \to 0} \frac{u + \dfrac{\mathrm{d}u}{\mathrm{d}x}\delta x - u}{\delta x} = \frac{\mathrm{d}u}{\mathrm{d}x} \tag{1.38}$$

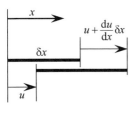

图 1.7　一维情形下的线元变形示意图

可见,对于一维情形而言,应变就等于位移梯度,它表示

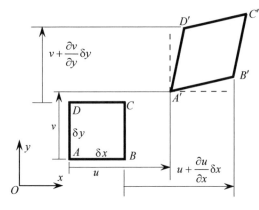

图 1.8 二维情形下的微元变形示意图

长度的相对变化。

二维情形复杂一些。考虑图 1.8 所示的一个尺寸为 $\delta x \times \delta y$ 的微元 $ABCD$，变形后运动到 $A'B'C'D'$。记 A 点的位移为 (u, v)，则 B 点的位移为 $\left(u + \dfrac{\partial u}{\partial x}\delta x, v + \dfrac{\partial v}{\partial x}\delta x\right)$，$D$ 点的位移为 $\left(u + \dfrac{\partial u}{\partial y}\delta y, v + \dfrac{\partial v}{\partial y}\delta y\right)$。

经过与一维情形类似的分析过程，通过考察沿 x、y 方向线元长度的相对变化，可以定义沿 x、y 方向的正应变分别为

$$\varepsilon_x = \frac{\partial u}{\partial x}, \quad \varepsilon_y = \frac{\partial v}{\partial y} \tag{1.39}$$

考察直角 $\angle BAD$ 的变化。线元 AB 沿逆时针方向旋转的角度近似为

$$\frac{v_B - v_A}{\delta x} = \frac{\partial v}{\partial x} \tag{1.40}$$

线元 AD 沿顺时针方向旋转的角度近似为

$$\frac{u_D - u_A}{\delta y} = \frac{\partial u}{\partial y} \tag{1.41}$$

定义直角 $\angle BAD$ 的减小量为工程剪应变 γ_{xy}，其算式为

$$\gamma_{xy} = \frac{\partial u}{\partial y} + \frac{\partial v}{\partial x} \tag{1.42}$$

对于三维情形，应变的定义是类似的，不过将其在平面图中表现出来将是复杂的。考虑三维空间中的连续体 V，点 $X = (x_1, x_2, x_3) \in V \subset \mathbb{R}^3$，其中每个点都有位移，记作 $u_i(x_j)$，实际上这是一个矢量场。点 X 变形后运动到了 X'，所以位移 $u_i = x_i' - x_i$。一段线元 $\mathrm{d}x_i$ 在变形前的长度为 $\mathrm{d}s = \sqrt{\mathrm{d}x_i \mathrm{d}x_i}$，变形后其分量为

$$dx'_i = dx_i + \frac{\partial u_i}{\partial x_j} dx_j = (\delta_{ij} + u_{i,j}) dx_j \tag{1.43}$$

线元 dx'_i 的长度为

$$ds' = \sqrt{dx'_i dx'_i} = \sqrt{(\delta_{ij} + u_{i,j})(\delta_{ik} + u_{i,k}) dx_j dx_k} = \sqrt{C_{jk} dx_j dx_k} \tag{1.44}$$

式中,C_{jk} 为右柯西-格林变形张量的分量。本书讲述的都是小变形问题,即

$$\| u_{i,j} \| \ll 1 \tag{1.45}$$

因此式(1.44)中的应变梯度的二次项是高阶小量,可以忽略,从而有

$$ds' \approx \sqrt{(\delta_{ij} + u_{i,j} + u_{j,i}) dx_i dx_j} = \sqrt{(\delta_{ij} + 2\varepsilon_{ij}) dx_i dx_j}$$
$$= \sqrt{1 + 2\varepsilon_{ij} n_i n_j}\, ds \approx (1 + \varepsilon_{ij} n_i n_j) ds \tag{1.46}$$

式中,$n_i = \dfrac{dx_i}{ds}$ 为线元单位方向矢量的第 i 分量;ε_{ij} 为无穷小变形下的应变张量,称为小应变张量或柯西应变张量,其与位移梯度的关系为

$$\varepsilon_{ij} = \frac{1}{2}(u_{i,j} + u_{j,i}) \tag{1.47}$$

式(1.46)说明,连续体中某点处沿着方向 $\boldsymbol{n} = n_i \boldsymbol{e}_i$ 的线元长度的相对变化为

$$\frac{ds' - ds}{ds} = \varepsilon_{ij} n_i n_j \tag{1.48}$$

在上述推导过程中,我们充分利用了小变形条件,若变形量有限,即式(1.45)不成立,则小应变张量无法用于度量线元长度的变化,这时需要用到连续介质力学的知识,有兴趣的同学可以阅读相关教材。

应变与位移的关系,即式(1.47)又称为几何方程或运动学方程。

1.3.2 应变协调方程

由式(1.47)可知应变张量天然是对称的,即 $\varepsilon_{ij} = \varepsilon_{ji}$,因此它实质上有 $3 \times 3 - 3 = 6$ 个独立分量。再仔细观察式(1.47),应变是位移梯度的对称部分,但是位移只有 3 个分量,那么应变的 6 个分量之间真的"独立"吗?答案当然是否定的,应变的 6 个分量之间一定存在 3 个约束。

利用 C^2 函数二阶偏导数与求导顺序无关的性质，即 $u_{i,jk}=u_{i,kj}$，可以得到应变分量之间需要满足的约束，即应变协调方程

$$\varepsilon_{ij,kl}+\varepsilon_{kl,ij}-\varepsilon_{ik,jl}-\varepsilon_{jl,ik}=0 \tag{1.49}$$

简写为

$$e_{mjk}e_{nil}\varepsilon_{ij,kl}=0 \text{ 或 } \nabla\times\boldsymbol{\varepsilon}\times\nabla=0 \tag{1.50}$$

式(1.49)或式(1.50)包含 9 个方程，由于对称性，实际上有 6 个

$$\frac{\partial^2\varepsilon_x}{\partial y^2}+\frac{\partial^2\varepsilon_y}{\partial x^2}-\frac{\partial^2\gamma_{xy}}{\partial x\partial y}=0 \tag{1.51}$$

$$\frac{\partial^2\varepsilon_y}{\partial z^2}+\frac{\partial^2\varepsilon_z}{\partial y^2}-\frac{\partial^2\gamma_{yz}}{\partial y\partial z}=0 \tag{1.52}$$

$$\frac{\partial^2\varepsilon_z}{\partial x^2}+\frac{\partial^2\varepsilon_x}{\partial z^2}-\frac{\partial^2\gamma_{xz}}{\partial x\partial z}=0 \tag{1.53}$$

$$\frac{\partial^2\varepsilon_x}{\partial y\partial z}=\frac{1}{2}\frac{\partial}{\partial x}\left(-\frac{\partial\gamma_{yz}}{\partial x}+\frac{\partial\gamma_{zx}}{\partial y}+\frac{\partial\gamma_{xy}}{\partial z}\right) \tag{1.54}$$

$$\frac{\partial^2\varepsilon_y}{\partial z\partial x}=\frac{1}{2}\frac{\partial}{\partial y}\left(-\frac{\partial\gamma_{zx}}{\partial y}+\frac{\partial\gamma_{xy}}{\partial z}+\frac{\partial\gamma_{yz}}{\partial x}\right) \tag{1.55}$$

$$\frac{\partial^2\varepsilon_z}{\partial x\partial y}=\frac{1}{2}\frac{\partial}{\partial z}\left(-\frac{\partial\gamma_{xy}}{\partial z}+\frac{\partial\gamma_{yz}}{\partial x}+\frac{\partial\gamma_{zx}}{\partial y}\right) \tag{1.56}$$

注意到位移有 3 个分量，而协调方程都是由位移求三阶导数而得，所以 6 个协调方程只有 3 个是独立的，准确地说，它们之间有 3 个约束关系。

1.4　本构关系，广义胡克定律

应力描述的是连续体中一点处的受力状态，应变描述的是一点处的变形程度，而应力和应变之间的关系称为本构关系(constitutive relation)，又称物理方程。最简单的本构关系就是线弹性关系，即广义胡克定律，也是大多数材料在变形较小时所满足的应力-应变关系。广义胡克定律中，应力、应变之间满足线性关系

$$\sigma_{ij}=C_{ijkl}\varepsilon_{kl} \tag{1.57}$$

式中，C_{ijkl} 为弹性张量或刚度张量，它满足如下的沃伊特(Voigt)对称性：

$$C_{ijkl} = C_{jikl} = C_{ijlk} = C_{klij} \tag{1.58}$$

第一个等号源于应力的对称性，第二个等号源于应变的对称性，第三个等号源于弹性张量与应变能密度的二阶偏导数(见 1.6 节)之间的关系。

广义胡克定律也可以表述成柔度的形式

$$\varepsilon_{ij} = S_{ijkl} \sigma_{kl} \tag{1.59}$$

式中，S_{ijkl} 为柔度张量，它也满足 Voigt 对称性。[①]

值得注意的是，式(1.57)或式(1.59)是最一般的线弹性关系，不限于各向同性。对于一般各向异性、正交各向异性、横观各向同性、各向同性这几种弹性材料的弹性张量或柔度张量中独立分量个数的讨论可见诸各弹性理论专著，此处不表。

对于各向同性，弹性张量和柔度张量只包含两个独立参数，形式较为简洁

$$C_{ijkl} = 2\mu I_{ijkl} + \lambda \delta_{ij} \delta_{kl} \tag{1.60}$$

$$S_{ijkl} = \frac{1}{E} I_{ijkl} - \frac{\nu}{E} \delta_{ij} \delta_{kl} \tag{1.61}$$

式(1.60)和式(1.61)中，E 为杨氏模量；ν 为泊松比；μ，λ 为拉梅(Lamé)常数；δ_{ij} 为克罗内克(Kronecker)符号；I_{ijkl} 为二阶单位张量。它们的定义和关系如下：

$$\delta_{ij} = \begin{cases} 1, & i = j \\ 0, & i \neq j \end{cases} \tag{1.62}$$

$$I_{ijkl} = \frac{1}{2}(\delta_{ik}\delta_{jl} + \delta_{il}\delta_{jk}) \tag{1.63}$$

$$\mu = \frac{E}{2(1+\nu)}, \quad \lambda = \frac{\nu E}{(1+\nu)(1-2\nu)} \tag{1.64}$$

由式(1.64)可见，μ 其实就是剪切模量。

1.5　弹性力学问题的微分提法

为了 1.6 节叙述能量原理的方便，本节有必要汇总弹性力学问题的微分提

---

① 个人认为应该用 S 表示刚度(stiffness)，用 C 表示柔度(compliance)，不知为何文献和教科书中的记号普遍是与之相反的，可能是历史原因吧。——编著者

法。占据空间 $\mathbb{R}^2$ 或者 $\mathbb{R}^3$ 中一个区域 V 的弹性体,满足如下方程:

平衡方程 $$\sigma_{ij,i} + f_j = 0 \qquad\qquad (1.9)$$

本构关系(物理方程) $$\sigma_{ij} = C_{ijkl}\varepsilon_{kl} \qquad\qquad (1.57)$$

几何关系(运动学方程) $$\varepsilon_{ij} = \frac{1}{2}(u_{i,j} + u_{j,i}) \qquad\qquad (1.47)$$

上述三组共 $3+6+6=15$ 个定解方程涉及 6 个应力、6 个应变、3 个位移分量,共 15 个函数,足够求解。需要注意的是,应变协调方程式(1.49)可以从几何关系式(1.47)推导而出,因此不算独立的方程。

为了求解偏微分方程组,需要写明边界条件。边界条件主要有两种,一种是强制(essential)边界条件或狄利克雷(Dirichlet)边界条件,即位移值被指定 $u_i = \bar{u}_i$,这部分边界称为位移边界,记作 S_u;另一种是自然(natural)边界条件或诺伊曼(Neumann)边界条件,即面力被指定 $t_i = \bar{t}_i$,本质上指定的是位移的导数,这部分边界称为力边界,记作 S_σ。边界 ∂V 上每一点都必须指定位移或指定力,但是不能同时既指定位移又指定力,故有 $S_u \bigcup S_\sigma = \partial V$ 和 $S_u \bigcap S_\sigma = \varnothing$。

以机翼为例。在简单的分析中可以认为机翼根部(即与机身连接处)所有位移分量都为零,从而将机翼作为悬臂梁进行初步分析,因此机翼根部是位移边界。机翼上下表面都受到气动载荷,发动机挂载点还受到发动机施加的集中力,这些地方都是力边界。

n 维空间中每个点有 n 个自由度,因此,边界上每个点处都有 n 个边界条件。请思考:如果某点处一个方向的位移 u_i 和另一个方向的面力分量 t_j 被同时指定,该点算哪一种边界条件呢?

至此,有了微分方程和边界条件,弹性力学问题的微分提法就算是完整了。须注意,微分提法是逐点的,微分方程在各点处满足。

1.6 能量原理

1.5 节汇总了弹性力学问题的微分提法。对连续体微元进行平衡分析从而建立微分方程,是非常自然的过程;而能量原理则是从整个系统的宏观层面,在可能状态中进行筛选从而找到真实状态,它的建立是一次思想上的飞跃。

1.6.1 应变能与应变余能

考虑一块弹性体 V 上的所有外力(包括体力和边界上的面力)在单位时间

内做的功(即功率) $\dot{W}$:

$$\dot{W} = \int_V f_i \dot{u}_i \, dV + \int_{\partial V} t_i \dot{u}_i \, dS = \int_V f_i \dot{u}_i \, dV + \int_{\partial V} n_j \sigma_{ij} \dot{u}_i \, dS$$

$$= \int_V f_i \dot{u}_i \, dV + \int_V (\sigma_{ij} \dot{u}_i)_{,j} \, dV = \int_V (f_i + \sigma_{ji,j}) \dot{u}_i \, dV + \int_V \sigma_{ij} \dot{u}_{i,j} \, dV \quad (1.65)$$

$$= \int_V \sigma_{ij} \dot{\varepsilon}_{ij} \, dV$$

对于等温条件下的连续体,外力功将全部转换为应变能,因此 $\dot{W} = \int_V \dot{\tilde{u}} \, dV$,其中, $\tilde{u}$ 为应变能密度(以下简称应变能),式(1.65)变成

$$\dot{\tilde{u}} = \sigma_{ij} \dot{\varepsilon}_{ij} \quad (1.66)$$

线弹性体满足式(1.57),所以可以直接计算应变能密度为

$$\tilde{u} = \frac{1}{2} \varepsilon_{ij} C_{ijkl} \varepsilon_{kl} = \frac{1}{2} \sigma_{ij} \varepsilon_{ij} \quad (1.67)$$

材料本构关系描述的是应力和应变的关系,而应变能为我们提供了一种观察材料本构行为的新视角。当应变能密度的函数形式 $\tilde{u} = \tilde{u}(\varepsilon_{ij})$ 已知时,可以通过式(1.66)的另一种形式,即

$$\sigma_{ij} = \frac{\partial \tilde{u}}{\partial \varepsilon_{ij}} \quad (1.68)$$

来计算应力,所以应变能包含了材料本构关系的所有信息。式(1.68)称为格林(Green)公式。

对应变能 $\tilde{u}$ 在无应变状态($\varepsilon_{ij} = 0$)附近做泰勒展开,有

$$\tilde{u} = \tilde{u}_0 + \sigma_{ij}^0 \varepsilon_{ij} + \frac{1}{2} \varepsilon_{ij} \frac{\partial^2 \tilde{u}}{\partial \varepsilon_{ij} \partial \varepsilon_{kl}} \bigg|_{\varepsilon_{ij}=0} \varepsilon_{kl} + O(\varepsilon_{ij} \varepsilon_{kl}) \quad (1.69)$$

显然, $\tilde{u}_0$ 是无应变时的应变能,其值通常取为零; $\sigma_{ij}^0 = \dfrac{\partial \tilde{u}}{\partial \varepsilon_{ij}} \bigg|_{\varepsilon_{ij}=0}$ 为无应变时的初始应力,也可以取为零,或者说以应力为零的状态为初始状态度量应变;而

$$C_{ijkl} = \frac{\partial^2 \tilde{u}}{\partial \varepsilon_{ij} \partial \varepsilon_{kl}} \bigg|_{\varepsilon_{ij}=0} \quad (1.70)$$

是在无应变状态时的(瞬时)刚度张量分量,如果该二阶导数(类似于海塞矩阵)在小应变范围内都是常数,那么它就是式(1.70)中的弹性张量。式(1.70)直接证明了 Voigt 对称性,即式(1.58)中的第三个等号。

与应变能类似的一个概念叫应变余能,记为 $\tilde{u}_c$,下标 c 代表 complementary。应变余能是应力的函数,与之相关的公式有

$$\dot{\tilde{u}}_c = \varepsilon_{ij}\dot{\sigma}_{ij} \tag{1.71}$$

$$\varepsilon_{ij} = \frac{\partial \tilde{u}_c}{\partial \sigma_{ij}} \tag{1.72}$$

$$S_{ijkl} = \frac{\partial^2 \tilde{u}_c}{\partial \sigma_{ij} \partial \sigma_{kl}}\bigg|_{\sigma_{ij}=0} \tag{1.73}$$

对于线弹性材料,有

$$\tilde{u}_c = \frac{1}{2}\varepsilon_{ij}\sigma_{ij} = \frac{1}{2}\sigma_{ij}S_{ijkl}\sigma_{kl} \tag{1.74}$$

应变余能究竟是什么呢?图 1.9 所示为线弹性材料的单轴应力-应变曲线,它是一条直线。从原点到当前应力应变状态的直线下方的那部分面积是应变能密度 $\tilde{u}$,而直线上方一直到当前应力值的那部分面积是应变余能 $\tilde{u}_c$,二者之和等于 $\sigma\varepsilon$,三维情形就是 $\sigma_{ij}\varepsilon_{ij}$,该乘积称为全功。通常我们在计算应变能时默认整个加载过程是准静态的,应力、应变始终保持线性关系,实际当中是不可能实现的。考虑对一个静止状态的结构(比如吊在屋顶的竖直均匀杆)突然施加能够在结构中造成应力 σ_{ij} 的静载荷(大小方向固定的载荷,比如在杆末端突然挂上一个重物),结构将经历振荡,但最终在阻尼的作用下停止运动并达成平衡。从突然施加静载荷到最终平衡状态的过程中,静载荷对单位体积结构做的功就是全功 $\sigma_{ij}\varepsilon_{ij}$,结构内积攒的应变能可用式(1.67)计算,差额就是应变余能,这也是"余"的含义。应变能储存在结构内,在静载荷被卸去时可释放出来,而应变余能在从突然施加静载荷到最终平衡的过程中耗散了,并不贮存在某处。至于应变余能可能的去向,读者可根据能量守恒进行分析。

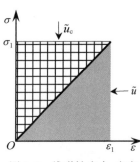

图 1.9 线弹性应力-应变曲线示意图

在三维空间中占据域 V 的弹性体所贮存的应变能 U 和应变余能 U_c 分

别为

$$U = \int_V \tilde{u} \, \mathrm{d}V, \quad U_c = \int_V \tilde{u}_c \, \mathrm{d}V \tag{1.75}$$

1.6.2 可能状态与可能功原理

满足连续性要求和几何方程,且满足位移边界条件的位移场 $u_i^{(k)}$ 及其衍生的应变场 $\varepsilon_{ij}^{(k)}$ 称为变形可能状态或运动可能状态,上标 k 代表运动可能(kinematically admissible),此处的"变形"和"运动"含义相同。可想而知,变形可能状态有无穷多个,但其中只有一个满足所有的弹性力学基本关系,那便是物体的真实状态。由变形可能状态根据本构关系计算得到的应力场称为变形可能应力 $\sigma_{ij}^{(k)}$,显然变形可能应力不一定与给定的外载荷平衡。两个相邻的变形可能位移场之间的差称为虚位移,记作 $\delta u_i^{(k)}$。虚位移可视为变形可能位移的变分,在运算和推导过程中通常当作无穷小量处理。显然,**在指定位移的边界上,虚位移为零**。由虚位移按几何关系衍生的应变场称为虚应变 $\delta \varepsilon_{ij}^{(k)}$,是变形可能应变的变分。

类似地,满足静力关系(平衡方程和力边界条件)的状态称为静力可能状态,各量加上标(s)表示。用弹性本构关系根据可能应力 $\sigma_{ij}^{(s)}$ 计算出的可能应变 $\varepsilon_{ij}^{(s)}$ 不一定满足协调方程,因此不一定有静力可能位移场。可能应力 $\sigma_{ij}^{(s)}$ 的变分 $\delta \sigma_{ij}^{(s)}$ 称为虚应力。

定义广义静力可能状态(s):包含应力场 $\sigma_{ij}^{(s)}$、体力场 $f_i^{(s)}$ 和全体边界上的面力 $t_i^{(s)}$,在物体内满足平衡方程,在边界上满足面力关系;再定义广义变形可能状态(k):包含应变场 $\varepsilon_{ij}^{(k)}$ 和位移场 $u_i^{(k)}$,在物体内满足协调方程。它们看似与静力可能状态和变形可能状态相同,但是在边界上并不要求与物体实际的边界条件一致,因此冠以"广义"。

广义力 F_i 在广义位移 u_i 上做功:$W = \int F_i \, \mathrm{d}u_i$。若 F_i 在每一瞬间都与广义位移 u_i 有关,例如线弹性问题中 $F_i = C u_i$,则最终的功为 $W = F_i u_i / 2$,对于其他非线性弹性,则有其他形式,此种情况下的功称为变形功。若 F_i 与 u_i 无关,则 $W = F_i u_i$,这种称为可能功。

现在计算状态(s)的外力和内力在状态(k)的广义位移上做的功,因为状态(s)和状态(k)无关,因此功是可能功。外功 W_{ext} 和内功 W_{int} 分别为

$$W_{\mathrm{ext}} = \int_V f_i^{(s)} u_i^{(k)} \, \mathrm{d}V + \int_S t_i^{(s)} u_i^{(k)} \, \mathrm{d}S \tag{1.76}$$

$$W_{int} = \int_V \sigma_{ij}^{(s)} \varepsilon_{ij}^{(k)} \, dV \tag{1.77}$$

有的文献中内功的定义与此处相差一个负号。注意到 $\sigma_{ij}^{(s)}$ 满足平衡方程 $\sigma_{ji,j}^{(s)} + f_i^{(s)} = 0$，在边界上满足面力条件 $\sigma_{ij}^{(s)} n_j = t_i^{(s)}$，因此式(1.76)可导出

$$
\begin{aligned}
W_{ext} &= -\int_V \sigma_{ji,j}^{(s)} u_i^{(k)} \, dV + \int_S \sigma_{ij}^{(s)} n_j u_i^{(k)} \, dS \\
&= -\int_V (\sigma_{ji}^{(s)} u_i^{(k)})_{,j} \, dV + \int_V \sigma_{ji}^{(s)} u_{i,j}^{(k)} \, dV + \int_S \sigma_{ij}^{(s)} n_j u_i^{(k)} \, dS \\
&= -\int_V \sigma_{ji}^{(s)} u_i^{(k)} n_j \, dV + \int_V \sigma_{ji}^{(s)} u_{i,j}^{(k)} \, dV + \int_S \sigma_{ij}^{(s)} n_j u_i^{(k)} \, dS \\
&= \int_V \sigma_{ji}^{(s)} u_{i,j}^{(k)} \, dV = \frac{1}{2} \int_V \sigma_{ji}^{(s)} (u_{i,j}^{(k)} + u_{j,i}^{(k)}) \, dV = \int_V \sigma_{ji}^{(s)} \varepsilon_{ij}^{(k)} \, dV \\
&= W_{int}
\end{aligned}
\tag{1.78}
$$

其中用到了高斯定理和应力张量的对称性。

式(1.78)表明，广义静力可能状态(s)在广义变形可能状态(k)上做的外功与内功相等。该结论称为可能功原理，在一些早期文献中也称为虚功原理。注意，推导过程并未涉及材料本构，因此对于非弹性材料组成的体系，可能功原理也是成立的。与虚位移不同的是，可能位移 $u_i^{(k)}$ 不一定是无穷小量，可以是有限的。

可能功原理是能量法这一宏伟大厦的基石，基于这一原理可以推出后续的各种能量原理。

1.6.3 功的互等定理、单位载荷法

可能功原理可以衍生出很多便于利用的定理和方法。

1. 功的互等定理

考虑一个弹性体在两组载荷下的响应。两组载荷分别作用所造成的状态记作(1)和(2)，显然它们都既是(s)状态又是(k)状态。注意这两个状态的位移边界条件是一样的。以(1)为(s)状态，以(2)为(k)状态，则可能功原理指出

$$\int_V f_i^{(1)} u_i^{(2)} \, dV + \int_S t_i^{(1)} u_i^{(2)} \, dS = \int_V \sigma_{ij}^{(1)} \varepsilon_{ij}^{(2)} \, dV = \int_V \varepsilon_{kl}^{(1)} C_{ijkl} \varepsilon_{ij}^{(2)} \, dV \tag{1.79}$$

再以(2)为(s)状态，以(1)为(k)状态，则可能功原理指出

$$\int_V f_i^{(2)} u_i^{(1)} \, dV + \int_S t_i^{(2)} u_i^{(1)} \, dS = \int_V \sigma_{ij}^{(2)} \varepsilon_{ij}^{(1)} \, dV = \int_V \varepsilon_{kl}^{(2)} C_{ijkl} \varepsilon_{ij}^{(1)} \, dV \tag{1.80}$$

注意到刚度张量 C_{ijkl} 具有 Voigt 对称性，即式(1.58)，因此

$$\sigma_{ij}^{(1)}\varepsilon_{ij}^{(2)}=\varepsilon_{kl}^{(1)}C_{ijkl}\varepsilon_{ij}^{(2)}=\varepsilon_{kl}^{(2)}C_{ijkl}\varepsilon_{ij}^{(1)}=\sigma_{ij}^{(2)}\varepsilon_{ij}^{(1)} \tag{1.81}$$

式(1.81)称为内功互等定理，将其代入式(1.79)和式(1.80)，得

$$\int_V f_i^{(1)}u_i^{(2)}\mathrm{d}V+\int_S t_i^{(1)}u_i^{(2)}\mathrm{d}S=\int_V f_i^{(2)}u_i^{(1)}\mathrm{d}V+\int_S t_i^{(2)}u_i^{(1)}\mathrm{d}S \tag{1.82}$$

式(1.82)表明，状态(1)的外载荷在状态(2)的位移上所做的功等于状态(2)的外载荷在状态(1)的位移上所做的功，该式称为外功互等定理或贝蒂(Betti)定理。需要特别注意的是，如果没有线弹性这一条件，则式(1.81)不一定成立，互等定理也就不一定成立了。

例题 1.3

如图 1.10 所示的矩形截面杆在中部受夹持力 P，求 P 引起的杆长变化 Δ_L。

解： 通过精确求解夹持力作用下的杆中的位移场再积分得到杆长的变化必定是极为困难且令人望而却步的，但是本题通过互等定理求解却很容易。记实际状态为状态(1)，取状态(2)为轴力 Q 作用下的单轴均匀拉伸。状态(2)中单轴拉伸引起的截面高度缩减量为

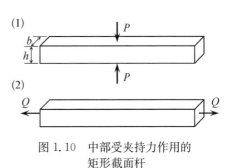

图 1.10　中部受夹持力作用的
矩形截面杆

$$\Delta_h=\frac{\nu Q}{Ehb}h=\frac{\nu Q}{Eb} \tag{1.83}$$

外功互等定理指出：

$$P\Delta_h=Q\Delta_L \tag{1.84}$$

将式(1.83)和式(1.84)联立解得

$$\Delta_L=\frac{\nu P}{Eb} \tag{1.85}$$

式中，E 为材料的杨氏模量；ν 为材料的泊松比。

2. 单位载荷法

假设我们关注弹性体中某处的广义位移 Δ。将力边界上的所有非零载荷

取消,在欲求广义位移 Δ 处施加**功共轭**的单位载荷,将该单位载荷状态记为(1),并取为状态(s);再记弹性体的实际状态为(0),并取为状态(k)。可能功原理变为

$$1 \cdot \Delta = \int_V \sigma_{ij}^{(1)} \varepsilon_{ij}^{(0)} \, \mathrm{d}V = \int_V C_{ijkl} \varepsilon_{kl}^{(1)} \varepsilon_{ij}^{(0)} \, \mathrm{d}V = \int_V S_{ijkl} \sigma_{kl}^{(1)} \sigma_{ij}^{(0)} \, \mathrm{d}V \qquad (1.86)$$

式(1.86)称为单位载荷法。它表明,如果要求某一广义位移,只要知道单位载荷状态和实际状态的应变场或应力场即可。第 2 章将演示其在梁问题中的应用。

1.6.4 虚功原理与余虚功原理

在状态(k)中,取位移场为虚位移 δu_i;在状态(s)中,取面力、体力和应力为实际的面力 f_i、体力 t_i,以及它们引起的实际应力 σ_{ij}。注意在位移边界上 $\delta u_i = 0$,则可能功原理变成

$$\int_V f_i \delta u_i \, \mathrm{d}V + \int_{S_\sigma} t_i \delta u_i \, \mathrm{d}S = \int_V \sigma_{ij} \delta \varepsilon_{ij} \, \mathrm{d}V \qquad (1.87)$$

称广义力在功共轭的广义虚位移上做的功为虚功,因此式(1.87)说明作用在弹性体上的外力所做的虚功等于物体内部应力所做的虚功,此即虚功原理或虚位移原理。虚功原理是可能功原理对位移的变分形式。我们常用的还有其逆定理,见习题 1.4。虚功原理的推导过程中并不要求材料是线弹性的,因此对于非线弹性体系也适用。虚功原理及其逆定理说明,满足虚功原理和满足平衡方程与力边界条件是等价的,因此利用虚功原理求解弹性问题与求解弹性问题微分方程是等效的。

取状态(s)为广义静力可能状态的变分,即取应力为可能应力的变分 $\delta\sigma_{ij}$,由于外载荷是给定的,因此变分为零,即在体内 $\delta f_i = 0$,在力边界 S_σ 上 $\delta t_i = 0$,但是在位移边界 S_u 上反力是不指定的,因此 $\delta t_i \neq 0$。可能功原理变成

$$\int_{S_u} u_i \delta t_i \, \mathrm{d}S = \int_V \varepsilon_{ij} \delta\sigma_{ij} \, \mathrm{d}V \qquad (1.88)$$

式中,u_i 和 ε_{ij} 都是状态(k)中的。式(1.88)称为余虚功原理(的正定理形式),或虚应力原理,是可能功原理对应力的变分形式。显然余虚功原理也适用于非线弹性材料。余虚功原理的逆定理形式如下:对于一切可能的虚应力场($\delta\sigma_{ij}$,δt_i),若某变形状态使得余虚功方程式(1.88)始终成立,则必是一个协调的变形可能状态。

1.6.5 最小势能原理与最小余能原理

现在考虑由弹性体、载荷与支承系统组成的**弹性系统**。弹性体所蕴含的应变能和应变余能已在 1.6.1 节介绍过。载荷包括体力 f_i 和力边界上的面力 t_i。对于与变形无关的外载荷,其外力势 V 为

$$V = -\int_V f_i u_i \, \mathrm{d}V - \int_{S_\sigma} t_i u_i \, \mathrm{d}S \tag{1.89}$$

注意,上式成立的条件是外力与变形无关。如果外力随变形而变化,但是仍然有势,则其势函数为外力势。如果载荷不是有势的保守力系,比如摩擦力,则无法定义外力势。

系统总势能 Π 为应变能和外力势之和

$$\Pi = U + V = \int_V \tilde{u} \, \mathrm{d}V - \int_V f_i u_i \, \mathrm{d}V - \int_{S_\sigma} t_i u_i \, \mathrm{d}S \tag{1.90}$$

现在考察真实状态的总势能 Π 和任意变形可能状态的总势能 $\Pi^{(k)}$

$$\Pi^{(k)} = \int_V \tilde{u}(\varepsilon_{ij}^{(k)}) \, \mathrm{d}V - \int_V f_i u_i^{(k)} \, \mathrm{d}V - \int_{S_\sigma} t_i u_i^{(k)} \, \mathrm{d}S \tag{1.91}$$

注意其中的外力是真实外力。两种状态的总势能之差为

$$\begin{aligned}
\Pi^{(k)} - \Pi = {}& \int_V [\tilde{u}(\varepsilon_{ij}^{(k)}) - \tilde{u}(\varepsilon_{ij})] \mathrm{d}V - \\
& \int_V f_i(u_i^{(k)} - u_i) \mathrm{d}V - \int_S t_i(u_i^{(k)} - u_i) \mathrm{d}S
\end{aligned} \tag{1.92}$$

式中把力边界替换为了整个边界,因为在位移边界上有 $u_i^{(k)} = u_i$。 现在,在可能功原理中取状态(s)为真实状态,取状态(k)为两种状态之差,所以有

$$\int_V \sigma_{ij}(\varepsilon_{ij}^{(k)} - \varepsilon_{ij}) \mathrm{d}V = \int_V f_i(u_i^{(k)} - u_i) \mathrm{d}V + \int_S t_i(u_i^{(k)} - u_i) \mathrm{d}S \tag{1.93}$$

将式(1.93)代入式(1.92),得

$$\begin{aligned}
\Pi^{(k)} - \Pi &= \int_V [\tilde{u}(\varepsilon_{ij}^{(k)}) - \tilde{u}(\varepsilon_{ij})] \mathrm{d}V - \int_V \sigma_{ij}(\varepsilon_{ij}^{(k)} - \varepsilon_{ij}) \mathrm{d}V \\
&= \int_V \left[\tilde{u}(\varepsilon_{ij}^{(k)}) - \tilde{u}(\varepsilon_{ij}) - \frac{\partial \tilde{u}}{\partial \varepsilon_{ij}}(\varepsilon_{ij}^{(k)} - \varepsilon_{ij}) \right] \mathrm{d}V
\end{aligned} \tag{1.94}$$

如果应变能函数是凸函数,则由凸函数性质可知

$$\widetilde{u}(\varepsilon_{ij}^{(k)}) - \widetilde{u}(\varepsilon_{ij}) - \frac{\partial \widetilde{u}}{\partial \varepsilon_{ij}}(\varepsilon_{ij}^{(k)} - \varepsilon_{ij}) \geqslant 0 \quad \text{在 } V \text{ 内} \tag{1.95}$$

因此式(1.94)等号右侧被积函数总是非负的,于是有

$$\Pi^{(k)} - \Pi \geqslant 0,\text{即 } \Pi^{(k)} \geqslant \Pi \tag{1.96}$$

此即最小势能原理:在一切变形可能的状态中,真实状态的总势能最小。在真实状态的小范围邻域内,最小值肯定是极小值,根据极值必要条件(局部最小值的充分条件要求 $\delta^2\Pi > 0$)有

$$\delta\Pi = 0 \tag{1.97}$$

这是最小势能原理的变分形式。本书中,当我们用到最小势能原理时,指的就是式(1.97)。

这里多说几句凸函数。对于一元函数 $f(x)$,在定义域内的任意两个点 x 和 $x^{(k)}$,当满足 $f(x^{(k)}) - f(x) \geqslant f'(x)(x^{(k)} - x)$ 时,$f(x)$ 称为下凸函数,简称凸函数,直观理解就是自变量从 x 变化到 $x^{(k)}$ 的过程中,函数值的变化量大于 x 点处切线所能带来的变化量,如果在平面坐标系中绘图,函数 $f(x)$ 每一点处的切线都在函数曲线之下。凸性的定义很容易推广到多元函数。我们来证明线弹性体的应变能密度 $\widetilde{u}(\varepsilon_{ij})$ [见式(1.67)]是凸函数。记 $\Delta\varepsilon_{ij} = \varepsilon_{ij}^{(k)} - \varepsilon_{ij}$,$\Delta\sigma_{ij} = \sigma_{ij}^{(k)} - \sigma_{ij}$,由线弹性关系可知 $\Delta\sigma_{ij} = C_{ijkl}\Delta\varepsilon_{kl}$,则

$$\begin{aligned}
&\widetilde{u}(\varepsilon_{ij}^{(k)}) - \widetilde{u}(\varepsilon_{ij}) - \frac{\partial \widetilde{u}}{\partial \varepsilon_{ij}}(\varepsilon_{ij}^{(k)} - \varepsilon_{ij}) \\
&= \frac{1}{2}\sigma_{ij}^{(k)}\varepsilon_{ij}^{(k)} - \frac{1}{2}\sigma_{ij}\varepsilon_{ij} - \sigma_{ij}(\varepsilon_{ij}^{(k)} - \varepsilon_{ij}) \\
&= \frac{1}{2}(\sigma_{ij}^{(k)} - \sigma_{ij})\varepsilon_{ij}^{(k)} + \frac{1}{2}\sigma_{ij}(\varepsilon_{ij}^{(k)} - \varepsilon_{ij}) - \sigma_{ij}(\varepsilon_{ij}^{(k)} - \varepsilon_{ij}) \\
&= \frac{1}{2}\Delta\sigma_{ij}(\varepsilon_{ij} + \Delta\varepsilon_{ij}) - \frac{1}{2}\sigma_{ij}\Delta\varepsilon_{ij} \\
&= \frac{1}{2}C_{ijkl}\Delta\varepsilon_{kl}(\varepsilon_{ij} + \Delta\varepsilon_{ij}) - \frac{1}{2}C_{ijkl}\varepsilon_{kl}\Delta\varepsilon_{ij} \\
&= \frac{1}{2}\Delta\varepsilon_{ij}C_{ijkl}\Delta\varepsilon_{kl}
\end{aligned} \tag{1.98}$$

因刚度张量 C_{ijkl} 正定,故 $\Delta\varepsilon_{ij}C_{ijkl}\Delta\varepsilon_{kl} \geqslant 0$,式(1.95)成立,所以线弹性体的应变

能密度是凸函数。同理可以证明线弹性体的应变余能密度也是凸函数。

考察总势能的变分

$$\delta \Pi = \int_V \delta \widetilde{u} \, \mathrm{d}V - \int_V f_i \delta u_i \, \mathrm{d}V - \int_{S_\sigma} t_i \delta u_i \, \mathrm{d}S \qquad (1.99)$$

注意到对于弹性材料有式(1.66),因此 $\delta \widetilde{u} = \sigma_{ij} \delta \varepsilon_{ij}$,再结合虚功原理式(1.87),也可以推出式(1.97)。

类似地,定义位移边界上的余势 V_c:

$$V_c = - \int_{S_u} u_i t_i \, \mathrm{d}S \qquad (1.100)$$

余势是支承系统(即位移边界)所吸收或通过支承系统传递给其他物体的那部分多余能量,等于边界给定位移 u_i 在反力 t_i 上所做功的负值。注意反力 t_i 是静力可能的反力,与给定位移 u_i 无关。

系统总余能 Π_c 为应变余能和支承系统余势之和

$$\Pi_c = U_c + V_c = \int_V \widetilde{u}_c \, \mathrm{d}V - \int_{S_u} u_i t_i \, \mathrm{d}S \qquad (1.101)$$

与最小势能原理类似,有最小余能原理,即在所有静力可能状态中,真实状态使系统总余能最小,推导过程见习题 1.5。另外对总余能取变分,并注意到式(1.71),再结合余虚功原理式(1.88),有

$$\delta \Pi_c = \int_V \varepsilon_{ij} \delta \sigma_{ij} \, \mathrm{d}V - \int_{S_u} u_i \delta t_i \, \mathrm{d}S = 0 \qquad (1.102)$$

1.7 本章习题

习题 1.1

【应变的坐标转换】借鉴 1.2.4 节的思想,采用例题 1.1 中的坐标系,推导应变的转换公式,即用 ε_{ij} 和 θ 表示 ε_{ij}'。

提示:只要把例题 1.1 中的 σ 换成 ε 即可。

习题 1.2

【应变花的原理】在试件的表面粘贴应变片可以测量沿敏感栅方向的正应变。表面实际上是二维空间,设局部的面内坐标系为 xy,有三个应变分量 ε_x,ε_y,γ_{xy},因此为了测出全部三个分量,至少需要布置三个不共线的应变片,这就是应变花。常用的有两种,分别是 45° 和 60° 应变花,如图 1.11 所示。记应变花

中第 i 个应变片测得的应变值为 ε_i，请分别针对两种应变花，给出由 ε_i 计算 ε_x，ε_y，γ_{xy} 的公式。

提示：利用习题 1.1 的结论。

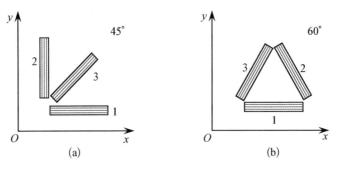

图 1.11

习题 1.3

【Voigt 记法】 应力 σ_{ij} 和应变 ε_{ij} 都是二阶张量，都有两个指标，而将二者关联起来的弹性刚度或柔度张量都是含四个指标的四阶张量。人们可以阅读的内容都是写在二维介质（如纸张和屏幕）上面的，因此如何将张量在平面上写成人们可以轻易理解的形式至关重要。最好能写成向量，因为向量就是一串数，非常便于解读，更便于计算机处理；矩阵也能接受，因为矩阵是个二维数表，写在纸上也一目了然。应力、应变等二阶张量可以写成矩阵，而四阶张量就很难在纸上以容易理解的方式写出来了。

针对应力、应变以及弹性刚度或柔度张量，我们有 Voigt 记法。定义应力矢量 $\boldsymbol{\sigma}$ 和应变矢量 $\boldsymbol{\varepsilon}$ 为

$$\boldsymbol{\sigma} = \begin{bmatrix} \sigma_1 & \sigma_2 & \sigma_3 & \sigma_4 & \sigma_5 & \sigma_6 \end{bmatrix}^{\mathrm{T}} = \begin{bmatrix} \sigma_{11} & \sigma_{22} & \sigma_{33} & \sigma_{23} & \sigma_{31} & \sigma_{12} \end{bmatrix}^{\mathrm{T}}$$
$$(1.103)$$

$$\boldsymbol{\varepsilon} = \begin{bmatrix} \varepsilon_1 & \varepsilon_2 & \varepsilon_3 & \varepsilon_4 & \varepsilon_5 & \varepsilon_6 \end{bmatrix}^{\mathrm{T}} = \begin{bmatrix} \varepsilon_{11} & \varepsilon_{22} & \varepsilon_{33} & \gamma_{23} & \gamma_{31} & \gamma_{12} \end{bmatrix}^{\mathrm{T}}$$
$$(1.104)$$

注意两者后三个分量的差别，应变矢量的后三个分量是工程剪应变。弹性刚度矩阵 $\boldsymbol{C} = [C_{IJ}]$，$I$，$J = 1$，$\cdots$，6，满足

$$\sigma = C\varepsilon \tag{1.105}$$

即

$$\begin{bmatrix} \sigma_1 \\ \sigma_2 \\ \sigma_3 \\ \sigma_4 \\ \sigma_5 \\ \sigma_6 \end{bmatrix} = \begin{bmatrix} C_{11} & C_{12} & C_{13} & C_{14} & C_{15} & C_{16} \\ C_{21} & C_{22} & C_{23} & C_{24} & C_{25} & C_{26} \\ C_{31} & C_{32} & C_{33} & C_{34} & C_{35} & C_{36} \\ C_{41} & C_{42} & C_{43} & C_{44} & C_{45} & C_{46} \\ C_{51} & C_{52} & C_{53} & C_{54} & C_{55} & C_{56} \\ C_{61} & C_{62} & C_{63} & C_{64} & C_{65} & C_{66} \end{bmatrix} \begin{bmatrix} \varepsilon_1 \\ \varepsilon_2 \\ \varepsilon_3 \\ \varepsilon_4 \\ \varepsilon_5 \\ \varepsilon_6 \end{bmatrix} \tag{1.106}$$

(1) 写出刚度矩阵元素 C_{IJ} 和刚度张量分量 C_{ijkl} 之间的对应关系;

(2) 证明应变能密度 $U^e = \boldsymbol{\sigma}^{\mathrm{T}} \boldsymbol{\varepsilon}/2 = \boldsymbol{\varepsilon}^{\mathrm{T}} \boldsymbol{C} \boldsymbol{\varepsilon}/2$。

有了 Voigt 记法,我们就可以对应力应变和刚度柔度张量进行降维,极大地便利了理论推导和编程。

习题 1.4

【虚功原理的逆定理】请说明虚功原理的逆原理:如果对于任意的虚位移 δu_i 及其衍生的虚应变 $\delta \varepsilon_{ij}$,式

$$\int_V f_i \delta u_i \mathrm{d}V + \int_{S_\sigma} t_i \delta u_i \mathrm{d}S = \int_V \sigma_{ij} \delta \varepsilon_{ij} \mathrm{d}V \tag{1.107}$$

都成立,其中 f_i,t_i 为实际的体力和面力,则应力场 σ_{ij} 一定是与外载荷相平衡的静力可能应力场,即在物体内满足平衡方程,在力边界上满足面力条件。

提示:若 $\int A \delta u \mathrm{d}x = 0$ 对于任何虚位移 δu 都成立,则在积分域内 $A = 0$ 处处成立。

习题 1.5

【最小余能原理】仿照最小势能原理的推导过程推导最小余能原理。

提示:考虑真实状态的总余能 Π_c [见式(1.101)]与任意静力可能状态的总余能 $\Pi_c^{(s)}$:

$$\Pi_c^{(s)} = \int_V \widetilde{u}_c(\sigma_{ij}^{(s)}) \mathrm{d}V - \int_{S_u} u_i t_i^{(s)} \mathrm{d}S \tag{1.108}$$

两种状态总余能的差为

$$\Pi_c^{(s)} - \Pi_c = \int_V [\widetilde{u}_c(\sigma_{ij}^{(s)}) - \widetilde{u}_c(\sigma_{ij})] \mathrm{d}V - \int_S u_i(t_i^{(s)} - t_i) \mathrm{d}S \tag{1.109}$$

注意到在力边界 S_σ 上有 $t_i^{(s)} = t_i$。在可能功原理中,取状态(s)为两种状态之差,状态(k)为真实状态,因此,由可能功原理导出

$$\int_V \varepsilon_{ij}(\sigma_{ij}^{(s)} - \sigma_{ij})\mathrm{d}V = \int_S u_i(t_i^{(s)} - t_i)\mathrm{d}S \tag{1.110}$$

将式(1.110)代入式(1.109),得

$$\begin{aligned} \Pi_c^{(s)} - \Pi_c &= \int_V \left[\tilde{u}_c(\sigma_{ij}^{(s)}) - \tilde{u}_c(\sigma_{ij}) \right] \mathrm{d}V - \int_V \varepsilon_{ij}(\sigma_{ij}^{(s)} - \sigma_{ij})\mathrm{d}V \\ &= \int_V \left[\tilde{u}_c(\sigma_{ij}^{(s)}) - \tilde{u}_c(\sigma_{ij}) - \frac{\partial \tilde{u}_c}{\partial \sigma_{ij}}(\sigma_{ij}^{(s)} - \sigma_{ij}) \right] \mathrm{d}V \end{aligned} \tag{1.111}$$

若应变余能密度 $\tilde{u}_c$ 为凸函数,则可得

$$\Pi_c^{(s)} \geqslant \Pi_c \tag{1.112}$$

第2章 梁 理 论

本章回顾欧拉-伯努利(Euler - Bernoulli)梁理论,简称梁理论。

2.1 欧拉-伯努利梁理论

2.1.1 梁的内力与坐标系

如图 2.1 所示,一根梁长度为 L,建立如图所示的坐标系 $Oxyz$,其中 x 轴与梁的轴向平行。假设梁的横截面是均匀的,材料是均匀各向同性线弹性的,杨氏模量为 E。作用在梁横截面上的力和力矩,分别称为内力和内力矩,合力可以分解为沿轴向的轴力 P 和分别沿 y,z 方向的剪力 S_y,S_z,合力矩可以分解为绕轴向的扭矩 T 和分别绕 y,z 方向的弯矩 M_y,M_z。在法方向为 $+x$ 的截面上,各内力和内力矩的正方向按图 2.1 中所示,而在法方向为 $-x$ 的截面上则与之相反。作用在梁上的单位轴向长度外力在 y,z 两个方向的分量分别为 q_y,q_z。对于纯弯曲情形,轴力 P 和扭矩 T 都为零。

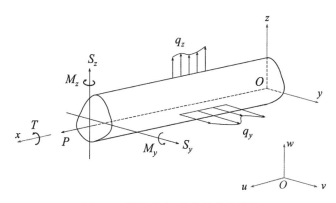

图 2.1 梁的内力、分布外力示意图

考虑一段轴向长度为 δx 的梁,如图 2.2 所示,对它进行平衡分析,可以得到内力、内力矩之间需要满足的平衡方程

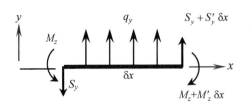

图 2.2 xy 面内梁微元的平衡示意图

$$\frac{\mathrm{d}S_y}{\mathrm{d}x} = -q_y, \qquad \frac{\mathrm{d}M_z}{\mathrm{d}x} = S_y \quad (2.1)$$

$$\frac{\mathrm{d}S_z}{\mathrm{d}x} = -q_z, \qquad \frac{\mathrm{d}M_y}{\mathrm{d}x} = S_z \quad (2.2)$$

2.1.2 梁弯曲时的应力与挠度

本节考虑梁在 xy 面内发生的平面弯曲(或称对称弯曲),则 $q_z=0$,$S_z=0$,$M_y=0$。假设梁弯成了图 2.3 所示的形状,弯曲后梁必定一侧受拉,一侧受压,中间有一些点既不受拉也不受压,亦即轴向正应变 $\varepsilon_x=0$,这些点组成的集合称为中性面,图中标记为深灰色。中性面与横截面的交线称为中性轴。

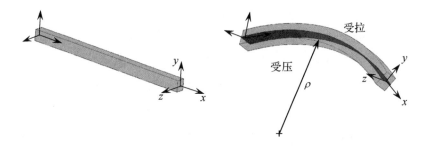

图 2.3 梁的对称弯曲

请思考:为什么纯弯曲时中性面是个平面?请用固体力学与结构课程中学习过的知识予以解释。

考虑一段初始轴向长度为 δx 的梁,它在弯曲后变成了如图 2.4 所示的样子。中间虚线为中性面,它成了一段圆弧,曲率半径记作 ρ,其倒数称为曲率 $\kappa=1/\rho$。两端横截面在初始状态自然互相平行,根据**平截面假设**,它们在梁弯曲后仍保持平面,二者所夹的角记为 $\delta\theta$,显然有 $\rho\delta\theta=\delta x$;该式亦可写作 $\kappa=\delta\theta/\delta x$,恰好反映了曲

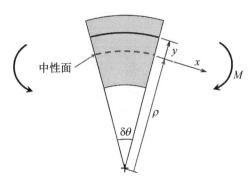

图 2.4 梁微段纯弯曲变形示意图

率的定义,即曲线倾角随弧长的变化率。

考虑从中性面起度量的 y 坐标处的一根轴向纤维(深灰色粗实线所示),它在初始状态下的长度自然是 δx,弯曲后的长度为 $(\rho + y)\delta\theta$,由应变定义可知该处的轴向正应变 ε_x(对于平面弯曲简记作 ε)为

$$\varepsilon = \frac{(\rho + y)\delta\theta - \rho\delta\theta}{\rho\delta\theta} = \frac{y}{\rho} \tag{2.3}$$

式(2.3)表明,纯弯曲的梁当中的轴向应变沿 y 方向是线性分布的,且与梁轴线的曲率成正比。有了应变便可以根据本构关系计算出应力,这里需要用到**层间无挤压假设**,即发生纯弯曲的梁的轴向纤维之间没有力的作用,因此图 2.4 中所示 y 坐标处的轴向纤维只有 σ_x(此处简记作 σ)一个非零的应力分量,且

$$\sigma = E\varepsilon = \frac{E}{\rho}y \tag{2.4}$$

至此,我们已经推导出梁中的轴向应力沿 y 方向也是线性分布的,但是 y 坐标的起点,亦即中性轴在截面中的位置仍是未知的。

中性轴位置由无轴力条件确定。对于纯弯曲的梁,我们只施加了弯矩 M_z(此处简记作 M),轴力 $P=0$,因此

$$P = \int_A \sigma \mathrm{d}A = \frac{E}{\rho}\int_A y\mathrm{d}A = 0 \tag{2.5}$$

式中,A 为梁的横截面。式(2.5)表明截面对中性轴的一阶矩(静矩)为零,换言之,中性轴穿过形心。

弯矩 M 可由应力的一阶矩积分而得,即

$$M = \int_A \sigma y\mathrm{d}A = \frac{E}{\rho}\int_A y^2\mathrm{d}A = \frac{EI}{\rho} = EI\kappa \tag{2.6}$$

式中,I 为截面相对于中性轴的惯性矩,其计算公式为

$$I = \int_A y^2\mathrm{d}A \tag{2.7}$$

它反映的是截面惯性偏离中性轴的大小。我们在理论力学中见过与之类似的转动惯量。杨氏模量 E 与惯性矩 I 的乘积 EI 称为梁的抗弯刚度。

由式(2.6)可得梁的曲率为

$$\kappa = \frac{1}{\rho} = \frac{M}{EI} \tag{2.8}$$

因此应力可由式(2.9)计算

$$\sigma = \frac{M}{I} y \tag{2.9}$$

至此,我们可由弯矩来计算梁中的弯曲应力,且发现弯曲应力与杨氏模量无关。有了应力就可以对梁做强度校核了。

为了计算梁的挠度,即梁轴线沿 y 方向的位移 v,需要将曲率与位移的二阶导数联系起来。高等数学中已经学习过

$$\kappa = \frac{1}{\rho} = -\frac{\mathrm{d}^2 v}{\mathrm{d} x^2} \tag{2.10}$$

所以结合式(2.8)有

$$M = -EIv'' \tag{2.11}$$

代入式(2.2),则有

$$EIv'''' = q \tag{2.12}$$

如果已知分布载荷 $q(x)$ 或者能求出弯矩沿轴向的分布 $M(x)$,则对式(2.12)或式(2.10)直接积分即可得到挠度 $v(x)$。不同的教科书上可能采用不同的符号约定,导致式(2.10)中没有负号。可如此判别:假设弯矩 $M>0$,它就如图 2.4 所示那般作用,于是梁微段向上拱起,从而有 $v''<0$,所以式(2.10)中要有负号。

2.1.3 梁的边界条件

为了用式(2.10)或式(2.12)求解梁的挠度,需要指定梁的边界条件。边界条件是梁的广义位移(挠度、转角)或其功共轭的广义力(剪力、弯矩)在边界处需满足的条件。下面列举常见的三种边界条件及其数学表述。

简支:即简单支撑,不允许平动($v=0$),但是允许自由转动,即弯矩为零($M=-EIv''=0$)。图 2.5(a)所示为两端简支的梁,简称简支梁。

固支:即固定支撑,不允许平动($v=0$),也不允许转动($v'=0$)。图 2.5(b)所示为两端固支的梁。

自由：弯矩为零（$M=-EIv''=0$），剪力为零（$S=-EIv'''=0$）。图 2.5(c) 所示悬臂梁右端为自由端。

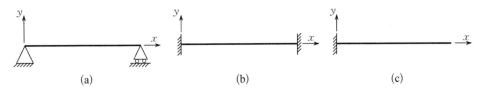

图 2.5 梁的典型边界条件

(a) 两端简支；(b) 两端固支；(c) 左端固支，右端自由（悬臂）

根据微分方程边值问题的理论，如果用二阶方程式(2.10)，则每个边界需要一个条件，若采用四阶方程式(2.12)，则每个边界需要两个边界条件。

边界条件中，广义位移（挠度、转角）及其功共轭的广义力（剪力、弯矩）只能指定一个。例如，如果限制了挠度（如简支），那就不能再限制剪力（如自由）。

简支、固支、自由三种典型边界都是齐次边界条件，即相关广义位移或广义力为零。对于非齐次边界条件，同学们要能够基于物理事实正确书写。

例题 2.1

请写出图 2.6 中各梁（长度为 L）右端的边界条件。

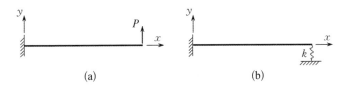

图 2.6 梁的非齐次边界条件

解： 两根悬臂梁右端弯矩都为零，因此 $M(L)=-EIv''(L)=0$。

(a) 剪力等于外加的集中力，所以 $S(L)=-EIv'''(L)=P$。

(b) 假设右端的挠度 $v(L)>0$，则弹簧给右端施加一个大小为 $kv(L)$ 的向下的力，所以 $S(L)=-EIv'''(L)=-kv(L)$。

2.1.4 梁因挠曲引发的轴向运动

在开始 2.2 节内容前，先介绍一个重要的话题，请看如下例题。

例题 2.2

图 2.7 所示的简支梁左端在 x 方向不能移动，但右端可以移动，该梁在外载

荷的作用下发生弯曲,挠度记为 $v(x)$,试计算右端的位移 Δ。

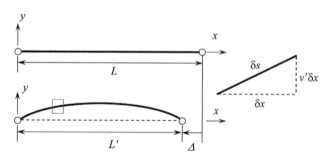

图 2.7　简支梁由于弯曲造成的轴向移动

解: 本例的简支梁中没有轴力,所以轴线上的正应变为零,梁本身的轴向长度不发生变化,但是由于梁发生了弯曲,因此其在轴向(x 方向)的投影会发生收缩。考虑一段弧长为 δs 的梁微元,如图 2.7 右侧小图所示,其在轴向的投影为 δx,在横向(y 方向)的投影为梁微元两端的挠度之差,近似为 $v'\delta x$,根据勾股定理

$$\delta s =\sqrt{(\delta x)^2 +(v'\delta x)^2} =[1+(v')^2]^{1/2}\delta x \approx \left[1+\frac{1}{2}(v')^2\right]\delta x \quad (2.13)$$

其中用到了无穷小量近似公式 $(1+x)^\alpha \approx 1+\alpha x$。该微元发生转动后,其在轴向的投影收缩量为

$$\delta\Delta =\delta s - \delta x =\frac{1}{2}(v')^2\delta x \qquad (2.14)$$

所以总的轴向收缩量为

$$\Delta =\int_0^{L'} \frac{1}{2}(v')^2\,\mathrm{d}x \qquad (2.15)$$

积分上限为梁变形后的跨距 L'。注意,此处研究的是小变形问题,因此可以将其替换为初始跨距 L,故

$$\Delta =\frac{1}{2}\int_0^{L}(v')^2\,\mathrm{d}x \qquad (2.16)$$

注意,此式与梁的边界条件无关。

2.2 含轴力的梁

2.2.1 定解方程

狭义的梁是指主要承受弯矩的杆件。通过式(2.2)可知,如果弯矩沿轴向变化,则梁中存在剪力。剪力对梁的应力和挠度都是有影响的,如果梁很细长,这种影响可以忽略。然而,很多现实场景之中,梁还同时受到轴力的作用。本节分析轴力对梁变形的影响。

仍考虑一段初始轴向长度为 δx 的梁微元,两端受到的轴力、剪力、弯矩以及作用在梁微元上的单位长度力 q_x,q_y(后者记作 q)如图 2.8 所示。我们仍考虑小变形情形,即 $|v'| \ll 1$。

水平方向的平衡方程为

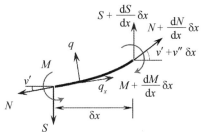

图 2.8 梁微元受力示意图

$$N' + q_x = 0 \tag{2.17}$$

如果 $q_x = 0$,那么轴力 N 为常数。

竖直方向力平衡方程和梁微元的力矩平衡方程分别为

$$Nv'' + S' + q = 0 \tag{2.18}$$

$$M' = S \tag{2.19}$$

注意式(2.18)的推导用到了式(2.17)。式(2.19)与无轴力情形一致,轴力 N 的影响体现在 N 与曲率 v'' 的乘积相当于一个附加的横向分布载荷,从而改变了梁微元在竖直方向的力平衡。联立式(2.10)、式(2.18)和式(2.19),可得

$$EIv^{(4)} - Nv'' = q \tag{2.20}$$

这是一个四阶常系数线性常微分方程。边界条件与 2.1 节中所述相同。接下来展示几道例题,请读者仔细体会。

2.2.2 两端受约束的简支梁

例题 2.3

设图 2.7 所示的简支梁受到集度为 q 的横向均布载荷,若简支梁的两端都不允许沿轴向移动,那么梁中的轴力有多大呢?

解: 可以这么设想,先放松右端的轴向约束,允许其沿轴向自由滑动,则分

布载荷施加以后，右端势必要向左移动，这时施加轴向力 N，其大小应使得右端回到初始位置，如图 2.9 所示。现在来求解图 2.9(c)中的梁问题。

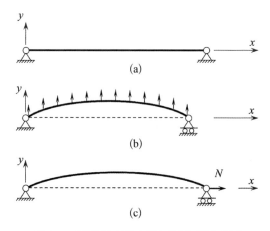

图 2.9 两端约束简支梁问题分析示意图

梁的定解方程为

$$EIv^{(4)} - Nv'' = q$$

其通解为

$$
v = A\left(\cosh \lambda x + \frac{1 - \cosh \lambda L}{L}x - 1\right) +
$$
$$
B\left(\sinh \lambda x - \frac{x}{L}\sinh \lambda L\right) + \frac{q}{2N}(Lx - x^2)
\tag{2.21}
$$

注意，式(2.21)已利用了 $v(0) = v(L) = 0$。再代入 $v''(0) = v''(L) = 0$，得

$$
A = \frac{q}{N\lambda^2}, \quad B = \frac{q}{N\lambda^2}\frac{1 - \cosh \lambda L}{\sinh \lambda L}
\tag{2.22}
$$

将式(2.22)代入式(2.21)，得到

$$
v = \frac{q}{N\lambda^2}\left(\cosh \lambda x + \frac{1 - \cosh \lambda L}{\sinh \lambda L}\sinh \lambda x\right) - \frac{q}{2N}\left(x^2 - Lx + \frac{2}{\lambda^2}\right)
$$
$$
= \frac{q}{N\lambda^2}\left[\frac{\cosh \lambda\left(x - \dfrac{L}{2}\right)}{\cosh \dfrac{\lambda L}{2}} - 1\right] + \frac{q}{2N}x(L - x)
\tag{2.23}
$$

式(2.23)利用了与双曲正弦和双曲余弦函数有关的恒等式:

$$\sinh x \cosh y - \cosh x \sinh y = \sinh(x - y) \tag{2.24}$$

$$\cosh x \cosh y - \sinh x \sinh y = \cosh(x - y) \tag{2.25}$$

$$\cosh^2 x - \sinh^2 x = 1 \tag{2.26}$$

2.1.4 节给出,梁弯曲后跨距收缩的大小 Δ 由式(2.16)计算,而本题中为使梁右端回到初始位置,轴力 N 使梁产生的伸长量应恰好等于跨距收缩量,即

$$\Delta = \frac{NL}{EA} \tag{2.27}$$

联立式(2.16)和式(2.27),并经过繁琐的推导,可得到

$$\frac{qL^4}{EIr} = (\lambda L)^{\frac{9}{2}} \sqrt{\frac{2}{\varphi(\lambda L)}} \tag{2.28}$$

式中,函数 φ 为

$$\varphi(x) = \frac{5\sinh x - 3x - 2x\cosh x}{1 + \cosh x} + \frac{x^3}{12} \tag{2.29}$$

式(2.28)左右两侧都已无量纲化。

由于函数 φ 的复杂性,无法将轴力 N 或无量纲轴力 λL 写成横载 q 的显式函数,但是可以将式(2.28)绘制成曲线,如图 2.10 所示。该图还对比了式(2.28)和有限元软件给出的计算结果,两者吻合很好。请读者自行推导式(2.28)。

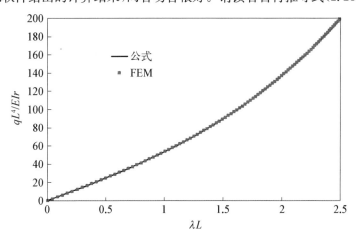

图 2.10 受均布载荷作用的两端约束简支梁无量纲横载与轴力关系曲线

2.2.3 横载和轴压同时作用的简支梁

例题 2.4

如图 2.11 所示,一简支梁(参数为 E,I,L)同时受到轴向压缩力 P、均布横向载荷 q 的作用,请求解其挠度 $v(x)$。

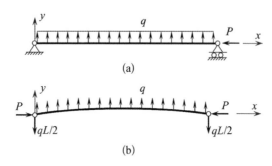

(a)

(b)

图 2.11 均布载荷与轴力同时作用的简支梁

解:【解法 1】 注意到轴力 $N = -P$,所以定解方程(2.20)变为

$$EIv^{(4)} + Pv'' = q \tag{2.30}$$

其通解为

$$
v = A\left(\cos\lambda x + \frac{1-\cos\lambda L}{L}x - 1\right) + \\
B\left(\sin\lambda x - \frac{x}{L}\sin\lambda L\right) - \frac{q}{2P}(Lx - x^2) \tag{2.31}
$$

式(2.31)已经利用了边界条件 $v(0) = v(L) = 0$。 挠度的二阶导数为

$$v'' = -\lambda^2 A\cos\lambda x - \lambda^2 B\sin\lambda x + \frac{q}{P} \tag{2.32}$$

结合边界条件 $v''(0) = v''(L) = 0$ 可得

$$A = \frac{q}{P\lambda^2}, \quad B = \frac{q}{P\lambda^2}\frac{1-\cos\lambda L}{\sin\lambda L} \tag{2.33}$$

故

$$v = \frac{q}{P\lambda^2}\left(\cos\lambda x + \frac{1-\cos\lambda L}{L}x - 1\right) +$$

$$\frac{q}{P\lambda^2}\frac{1-\cos\lambda L}{\sin\lambda L}\left(\sin\lambda x - \frac{x}{L}\sin\lambda L\right) - \frac{q}{2P}(Lx - x^2) \tag{2.34}$$

$$= \frac{q}{P\lambda^2}\cos\lambda x + \frac{q}{P\lambda^2}\frac{1-\cos\lambda L}{\sin\lambda L}\sin\lambda x - \frac{q}{2P}\left(\frac{2}{\lambda^2} + Lx - x^2\right)$$

显然,最大挠度 $v_{\max}$ 出现在中点,因此

$$v_{\max} = \frac{q}{P\lambda^2}\cos\frac{\lambda L}{2} + \frac{q}{P\lambda^2}\frac{1-\cos\lambda L}{\sin\lambda L}\sin\frac{\lambda L}{2} - \frac{q}{2P}\left(\frac{2}{\lambda^2} + L\frac{L}{2} - \frac{L^2}{4}\right)$$

$$\tag{2.35}$$

$$= \frac{q}{\lambda^2 P}\left(\frac{1}{\cos\dfrac{\lambda L}{2}} - 1\right) - \frac{qL^2}{8P}$$

无量纲化的最大挠度-轴力关系如图 2.12 所示。由式(2.35)可知,当 $\lambda L/2 \rightarrow \pi/2$ 时,最大挠度将趋于无穷。现实中,梁会发生破坏,不会一直趋向无穷。

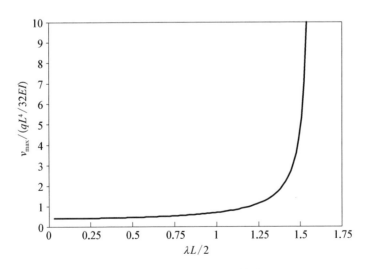

图 2.12 无量纲化的最大挠度-轴力关系

当轴力 P 趋向 0 时,式(2.35)所示的最大挠度退化成什么样呢? 请读者自行推导,并与无轴力时梁理论的解对比。

【解法 2】 直接解四阶微分方程毕竟麻烦,很多情况下可以首先考虑求解

二阶微分方程。本题中,梁的受力分析图(自由体图)如图 2.11(b)所示,可以写出弯矩

$$M(x) = \frac{qL}{2}x - \frac{q}{2}x^2 + Pv = -EIv'' \tag{2.36}$$

整理得

$$v'' + \lambda^2 v = \frac{q}{2EI}(x^2 - Lx) \tag{2.37}$$

其解为

$$v(x) = A\cos\lambda x + B\sin\lambda x + \frac{q}{2P}\left(x^2 - Lx - \frac{2}{\lambda^2}\right) \tag{2.38}$$

利用边界条件 $v(0) = v(L) = 0$ 得

$$A = \frac{q}{P\lambda^2}, \quad B = \frac{q}{P\lambda^2}\frac{1 - \cos\lambda L}{\sin\lambda L} \tag{2.39}$$

于是

$$v(x) = \frac{q}{P\lambda^2}\cos\lambda x + \frac{q}{P\lambda^2}\frac{1 - \cos\lambda L}{\sin\lambda L}\sin\lambda x - \frac{q}{2P}\left(\frac{2}{\lambda^2} + Lx - x^2\right) \tag{2.40}$$

与式(2.34)一致。

2.2.4　受轴压的带缺陷简支梁和索斯维尔图

例题 2.5

如图 2.13 所示,一简支梁(参数为 E,I,L)带有初始缺陷 $v_o(x)$ 受到轴向压缩力 P 的作用,请求解其由于受力所产生的挠度 $v_1(x)$。

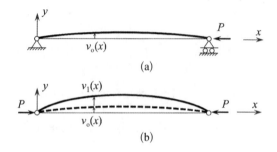

(a)

(b)

图 2.13　带初始缺陷的梁受轴向压缩示意图

解: 初始缺陷 $v_0(x)$ 是梁轴线在无应力状态下偏离平直状态的"挠度",而 $v_1(x)$ 是加载引起的挠度,把二者之和记为总挠度 v。考虑从左端到 x 这段梁的平衡,可得

$$-EIv_1'' = -EI(v'' - v_0'') = Pv \tag{2.41}$$

整理得

$$v'' + \lambda^2 v = v_0'' \tag{2.42}$$

由式(2.42)可见,初始缺陷的曲率 v_0'' 起到了外力的作用。只要知道了初始缺陷 $v_0(x)$ 的具体形式,结合两端边界条件,就可以定出总挠度 $v(x)$。我们讨论较为一般的情形。由数学知识可知,几乎任何形式的函数 $v_0(x)$ 都可以做傅里叶展开

$$v_0(x) = \sum_{n=1}^{\infty} A_n \sin \frac{n\pi x}{L} \tag{2.43}$$

将式(2.43)代入式(2.42),得

$$v'' + \lambda^2 v = -\frac{\pi^2}{L^2} \sum_{n=1}^{\infty} n^2 A_n \sin \frac{n\pi x}{L} \tag{2.44}$$

其中

$$\lambda^2 = \frac{P}{EI} \tag{2.45}$$

解之得

$$v(x) = B\cos \lambda x + D\sin \lambda x + \sum_{n=1}^{\infty} \frac{n^2 A_n}{n^2 - \alpha} \sin \frac{n\pi x}{L} \tag{2.46}$$

其中

$$\alpha = \frac{\lambda^2 L^2}{\pi^2} = \frac{P}{P_{cr}} \tag{2.47}$$

边界条件 $v(0) = v(L) = 0$ 给出 $B = D = 0$,因此有

$$v(x) = \sum_{n=1}^{\infty} \frac{n^2 A_n}{n^2 - \alpha} \sin \frac{n\pi x}{L} \tag{2.48}$$

一般来说,第一阶缺陷最显著,将主导梁的变形,因此聚焦于 $n=1$,此时

$$v = \frac{A_1}{1-\alpha}\sin\frac{\pi x}{L} \tag{2.49}$$

此时梁中点的挠度 δ 为

$$\delta = \frac{A_1}{1-\alpha} - A_1 = \frac{\alpha}{1-\alpha}A_1 = \frac{P}{P_{cr}-P}A_1 \tag{2.50}$$

整理后得

$$\delta = P_{cr}\frac{\delta}{P} - A_1 \tag{2.51}$$

该式看似平平无奇,实则给出了一个利用轴压实验数据计算临界载荷 P_{cr} 的办法。

实际的压杆总是有初始缺陷的,因此 A_1 总是非零的。随着制造工艺越发先进,$|A_1|$ 越来越小,准确测量的难度也随之增大,因此用式(2.49)计算挠度是不可行的。但是在轴向压缩实验中,轴力 P 和中点挠度 δ 都相对容易测量,将 $(\delta/P,\ \delta)$ 数据点画在平面上,利用最小二乘法做线性回归,由式(2.51)可知该直线的斜率就是临界载荷 P_{cr},如图 2.14 所示,该图称为索斯维尔(Southwell)图。

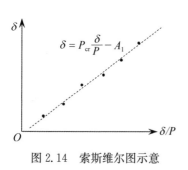

图 2.14　索斯维尔图示意

注意,本题是一个边界值问题,在给定初始缺陷 $v_0(x)$ 和轴力 P 的情况下是可以求解出总挠度 $v(x)$ 的,与 3.1 节所述屈曲问题有本质的区别。

2.3　求解梁问题的方法

2.3.1　直接积分法

对梁挠度微分方程式(2.10)或式(2.12)直接积分,并利用边界条件确定积分常数,是求解梁挠度的最基本的方法,在 2.2 节中已经大量运用了,本节再举一个例子。对于多个载荷共同作用的梁,可以用挠度表(如参考文献[6]第 408 页)查找各载荷单独作用时的解,并进行叠加。

例题 2.6

求解图 2.15 所示悬臂梁的挠度。

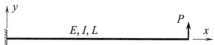

图 2.15　末端受集中力作用的悬臂梁

解：本题所述悬臂梁是一个静定结构,因此很容易通过受力分析得到弯矩的分布

$$M(x) = P(L-x) = -EIv'' \tag{2.52}$$

积分得

$$EIv' = \frac{1}{2}P(x-L)^2 + A \tag{2.53}$$

$$EIv = \frac{1}{6}P(x-L)^3 + Ax + B \tag{2.54}$$

边界条件 $v'(0) = 0$ 得 $A = -PL^2/2$,边界条件 $v(0) = 0$ 得 $B = PL^3/6$,于是

$$\begin{aligned}
v &= \frac{P}{EI}\left[\frac{1}{6}(x-L)^3 - \frac{L^2}{2}x + \frac{L^3}{6}\right] \\
&= \frac{P}{EI}\left[\frac{1}{6}(x^3 + 3L^2x - 3Lx^2 - L^3) - \frac{L^2}{2}x + \frac{L^3}{6}\right] \\
&= \frac{P}{EI}\left(\frac{1}{6}x^3 - \frac{L}{2}x^2\right)
\end{aligned} \tag{2.55}$$

末端挠度为

$$v_{\text{tip}} = -\frac{PL^3}{3EI} \tag{2.56}$$

对于较为简单的载荷,用直接积分法求挠度比较容易,但是如果载荷较为复杂,特别是有很多集中力、集中弯矩的情形,直接积分法需要分段列写弯矩,过程将变得非常烦琐,而 2.3.2 节介绍的奇异函数法将大大简化积分过程。

2.3.2 奇异函数法

奇异函数 $[x]$ 又称半程函数,定义为

$$[x] = \begin{cases} 0, & x < 0 \\ x, & x \geqslant 0 \end{cases} \tag{2.57}$$

麦考利(Macaulay)于 1919 年首次将其引入梁问题的求解,因此基于奇异函数的求解方法又称为麦考利法。

奇异函数的一阶导数就是赫维赛德(Heaviside)阶跃函数:

$$[x]' = \begin{cases} 0, & x < 0 \\ 1, & x \geqslant 0 \end{cases} \tag{2.58}$$

因此二阶导数为狄拉克 δ 函数(Dirac delta function)。

奇异函数的积分(积分下限≤0)为

$$\int [x] \mathrm{d}x = \begin{cases} 0, & x < 0 \\ x^2/2, & x \geqslant 0 \end{cases} = \frac{1}{2}[x]^2 \tag{2.59}$$

形式上与整数次幂函数的积分和微分运算相同。

奇异函数的便利之处在于可将由几何奇异性(如集中力、集中力矩)引起的原本需要分段列写的弯矩写成统一的形式。对于一根梁,关注从左端到所求弯矩的位置 x 这一段梁,作用在轴向坐标 a 处的集中力 P 在该处造成的弯矩为 $-P[x-a]$,作用在 a 处的集中力 M (逆时针为正)在该处造成的弯矩为 $M[x-a]^0$。

例题 2.7　用奇异函数求解梁的挠度

求解图 2.16 所示梁的挠度。

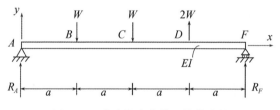

图 2.16　多个集中力作用的简支梁

解:该梁是静定梁,因此可以根据平衡求出两端的反力 $R_A = 3W/4$, $R_F = -3W/4$,梁中任意位置处的弯矩为

$$M(x) = -R_A x + W[x-a] + W[x-2a] - 2W[x-3a] = -EIv'' \tag{2.60}$$

整理得

$$EIv'' = R_A x - W[x-a] - W[x-2a] + 2W[x-3a] \tag{2.61}$$

积分得

$$EIv' = \frac{R_A}{2}x^2 - \frac{W}{2}[x-a]^2 - \frac{W}{2}[x-2a]^2 + W[x-3a]^2 + C_1 \tag{2.62}$$

$$EIv = \frac{R_A}{6}x^3 - \frac{W}{6}[x-a]^3 - \frac{W}{6}[x-2a]^3 + \frac{W}{3}[x-3a]^3 + C_1 x + C_2$$

$$(2.63)$$

由边界条件 $v(0)=0$ 得 $C_2=0$；再由 $v(4a)=0$ 得 $C_1 = -5Wa^2/8$。

对于有多处集中载荷作用的梁,使用奇异函数,弯矩分布仅用一个公式即可写明。如果分四段来写,工作量之大可想而知。

2.3.3 单位载荷法

对于梁问题,去掉所有的载荷,在所求解的广义位移处施加功共轭的单位载荷,记该状态为状态(1),记实际问题为状态(0),则单位载荷法的公式(1.86)退化为

$$\Delta = \int_0^L \frac{M^{(1)} M^{(0)}}{EI} \mathrm{d}x \qquad (2.64)$$

式中,$M^{(1)}(x)$ 和 $M^{(0)}(x)$ 分别为状态(1)和状态(0)中梁的弯矩。

例题 2.8

用单位载荷法求解例题 2.6 中末端受集中力 P 作用的悬臂梁的挠度。

解: 状态(0)的弯矩分布很容易求出

$$M^{(0)}(x') = P(L-x') \qquad (2.65)$$

在图 2.17(b)图所示的状态(1)中,在坐标 x 处施加沿 y 方向的单位力,则

$$M^{(1)}(x') = \begin{cases} -(x-x'), & x' \leqslant x \\ 0, & x' > x \end{cases}$$

$$(2.66)$$

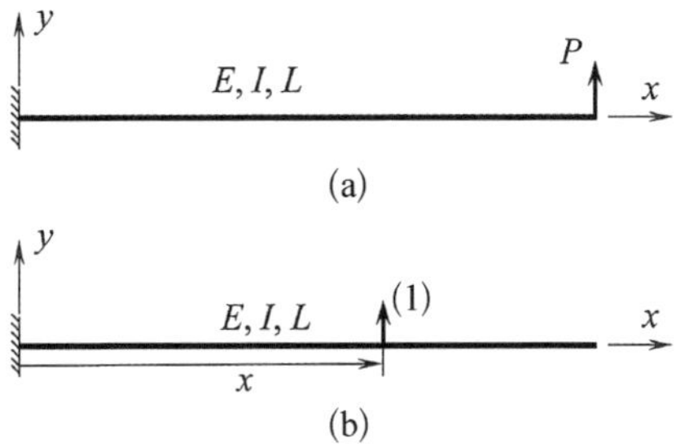

图 2.17 末端受集中力作用的悬臂梁

由式(2.64)得

$$v(x) = \frac{1}{EI}\int_0^x P(L-x')(x'-x)\mathrm{d}x' = \frac{1}{EI}\int_0^x P(Lx' - x'^2 - Lx + xx')\mathrm{d}x'$$

$$= \frac{P}{EI}\left(\frac{L}{2}x^2 - \frac{x^3}{3} - Lx^2 + \frac{x^3}{2}\right) = \frac{P}{EI}\left(-\frac{L}{2}x^2 + \frac{x^3}{6}\right)$$

$$(2.67)$$

与直接积分法的结果式(2.55)完全一致。

可见,单位载荷法化微分为积分,减少了求积分的次数。

2.3.4 瑞利-里茨法

作为弹性体,梁的行为符合第 1 章中所述的适用于三维空间中弹性体的能量原理。作为结构,梁的变形以曲率 κ 描述,而与其功共轭的广义内力为弯矩 M,由式(2.9)可推出与弯曲相关的应变能为

$$U = \frac{1}{2}\int_0^L \int_A \sigma\varepsilon\, dA\, dx = \frac{1}{2}\int_0^L \frac{M^2}{EI}dx = \frac{1}{2}\int_0^L EI\kappa^2 dx \qquad (2.68)$$

外力势 V 仍基于式(1.89)计算,但是要针对外力的具体形式进行计算,例如一个横向集中力 P 的外力势为 $-Pv$,其中 v 为作用点处的挠度。总势能 Π 为

$$\Pi = U + V \qquad (2.69)$$

如果存在轴力 $N(x)$,则总势能中须增加如下项:

$$\Pi_N = \frac{1}{2}\int_0^L N(v')^2 dx \qquad (2.70)$$

具体推导见习题 2.2。

在大多数情况下,精确解尤其解析解是很难求出来的。随着数学的发展,未来可能发现更多问题的解析解,但是工程师不可能等这一天到来才开始工作,而是立即需要可以指导设计的结果,这样促成了各种近似解法的发展。瑞利-里茨(Rayleigh-Ritz)法是求解偏微分方程的一种近似方法,其基础是最小势能原理。

对于梁问题,瑞利-里茨法可以求挠度 $v(x)$ 的近似解。将挠度 $v(x)$ 写为如下若干 $f_n(x)$ 函数的加权求和:

$$v(x) = f_0(x) + \sum_{n=1}^{N} A_n f_n(x) \qquad (2.71)$$

式中,$f_n(x)$,$x \in [0, L]$ 称为试函数;系数 A_n 为权重,有时又称自由度。$f_0(x)$ 满足**非齐次**位移边界条件,而其他试函数满足齐次位移边界条件,所有试函数不必满足力边界(如集中力、集中弯矩、分布载荷等)。试函数的取法有很大的随意性,除了前述要求外,原则上不再有其他限制。当然,我们通常取一组线性无关的试函数,以尽量减小自由度的数目。注意,N 可以趋于无穷。

将式(2.71)代入总势能 Π 的算式,总势能 Π 将成为 N 个自由度 A_n 的函

数,而且该函数是个二次型

$$\Pi = \Pi(A_1, \cdots, A_n) \tag{2.72}$$

式(2.72)蕴含一个重要的思想:将梁弯曲问题自由度数量由无限多转变为可数、可列个。根据最小势能原理,真实状态使得总势能取极小值,即

$$\frac{\partial \Pi}{\partial A_i} = 0, \quad i = 1, \cdots, n \tag{2.73}$$

由式(2.73)导出 N 个线性方程组成的线性方程组

$$\boldsymbol{KA} = \boldsymbol{F} \tag{2.74}$$

可以解出自由度向量 $\boldsymbol{A} = [A_1, \cdots, A_N]^{\mathrm{T}}$。

例题 2.9

仍然考虑图 2.15 所示的悬臂梁,用瑞利-里茨法求解其挠度。

解: 取

$$v(x) = a_0 + a_1 x + a_2 x^2 + a_3 x^3 \tag{2.75}$$

为了令式(2.75)满足所有边界条件 $v(0) = 0$, $v'(0) = 0$, 有

$$v(x) = a_2 x^2 + a_3 x^3 \tag{2.76}$$

代入总势能的算式,得

$$
\begin{aligned}
\Pi &= \frac{1}{2} \int_0^L EI(v'')^2 \mathrm{d}x - (-P)v(L) \\
&= \frac{1}{2} \int_0^L EI(2a_2 + 6a_3 x)^2 \mathrm{d}x + P(a_2 L^2 + a_3 L^3) \\
&= EI(2a_2^2 L + 6a_2 a_3 L^2 + 6a_3^2 L^3) + P(a_2 L^2 + a_3 L^3)
\end{aligned}
\tag{2.77}
$$

由总势能的一阶变分为零,即 $\dfrac{\partial \Pi}{\partial a_i} = 0$, $i = 2, 3$, 得

$$EI(4a_2 L + 6a_3 L^2) + PL^2 = 0 \tag{2.78}$$

$$EI(6a_2 L^2 + 12a_3 L^3) + PL^3 = 0 \tag{2.79}$$

写成矩阵式

$$
\begin{bmatrix} 4L & 6L^2 \\ 6L^2 & 12L^3 \end{bmatrix}
\begin{bmatrix} a_2 \\ a_3 \end{bmatrix}
= \frac{PL^2}{EI}
\begin{bmatrix} 1 \\ L \end{bmatrix}
\tag{2.80}
$$

求解得

$$a_2 = -\frac{PL}{2EI}, \quad a_3 = \frac{P}{6EI} \tag{2.81}$$

因此

$$v(x) = \frac{P}{EI}\left(\frac{x^3}{6} - \frac{Lx^2}{2}\right) \tag{2.82}$$

式(2.82)与通过直接积分法求得的精确解式(2.55)完全一致,这似乎是"好运气"带来的巧合,其实不然。我们选择的试函数式(2.76)就是精确解的形式,因此才能得到精确解,若选择其他形式的试函数,一般得不到精确解。

2.4 本章习题

习题 2.1

一根抗弯刚度为 EI、长度为 L 的梁两端均固支,受均布载荷 q_0 的作用,求解其挠度 $v(x)$ 以及最大弯矩的大小和位置。

习题 2.2

若一根梁受到轴向分布载荷 q_x(单位长度力)的作用,轴力 N_x 通常是随轴向坐标 x 变化的。考虑如下过程:在梁上先施加轴向外力 q_x,使其中产生轴力 N_x,再施加其他载荷使梁产生挠度,而轴力将在轴向应变 ε_x 上做功,这部分内力功 U_N 为

$$U_N = \int_0^L N_x \varepsilon_x \, dx \tag{2.83}$$

式中,$\varepsilon_x = \dfrac{du}{dx} + \dfrac{1}{2}\left(\dfrac{dv}{dx}\right)^2$。外力功为

$$W_N = \int_0^L q_x u \, dx + N_x(L)u(L) - N_x(0)u(0) \tag{2.84}$$

请推导与轴力有关的势能 $\Pi_N = U_N - W_N$。

习题 2.3

一根抗弯刚度为 EI、长度为 L 的梁受到均布载荷 q 和一对轴向压缩力 P 的作用,如图 2.18 所示。轴向压缩力 P 的作用线偏离截面

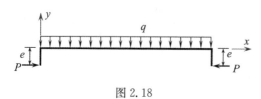

图 2.18

形心的距离为 e，其偏置方向抵抗了横向外载造成的弯曲效果。对于给定的 P 和 q，调整偏心距 e 的大小使得梁中的最大弯矩达到最小，请证明达成这一优化目标的偏心距为

$$e = \frac{q}{P\lambda^2} \tan^2 \frac{\lambda L}{4} \tag{2.85}$$

式中，$\lambda^2 = P/EI$。

习题 2.4

一根管状压杆的截面外径为 d、厚度为 t，其轴线具有微小的初始缺陷，可由式 $v_0 = \delta \sin(\pi x/L)$ 描述。请证明：当施加轴向压缩力 P 时，压杆中的最大应力为

$$\sigma_{\max} = \frac{P}{\pi dt} \left(1 + \frac{1}{1-\alpha} \frac{4\delta}{d} \right) \tag{2.86}$$

式中，$\alpha = P/P_{\mathrm{cr}}$，$P_{\mathrm{cr}} = \pi^2 EI/L^2$。

提示：设该压杆为薄壁管，即 t 远小于 d，则截面积 $A = \pi dt$，惯性矩 $I = \pi d^3 t/8$。

习题 2.5

图 2.19 所示的梁抗弯刚度为 EI，求其挠度。

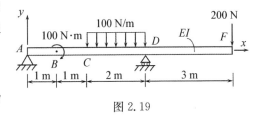

图 2.19

习题 2.6 双悬臂梁与内聚律

图 2.20 所示为两根完全一样的梁粘接在一起制成的双悬臂梁（double cantilever beam，DCB）试件。试验中，在最左端施加横向集中力将二者掰开，类似于分开一次性筷子。二梁之间界面上的分布力 q 与分离距离 $2v$ 之间的关系称为内聚律（cohesive law），由于结构和载荷关于 x 轴完全对称，我们记内聚律为函数 $q(v)$。一般而言，内聚律应呈现一种先增后减直至零的态势，如图 2.20 右上角小图所示。设各梁的抗弯刚度为 EI，梁**足够长**，在整个试验过程中都大于裂纹的长度 a。试验时记录加载端的力 F、挠度 δ、转角 θ。请证明：

$$F\theta = \int_0^\delta q(v)\mathrm{d}v \tag{2.87}$$

换言之

$$q(\delta) = \frac{\mathrm{d}}{\mathrm{d}\delta}(F\theta) \tag{2.88}$$

提示：远端的边界条件可以取为：当 $x \rightarrow \infty$，v 的各阶导数均为零。

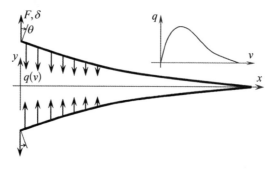

图 2.20

证毕后请思考：如果试件长度**不那么长**（即 x 不能趋于∞），式（2.87）或式（2.88）还成立吗？

第3章　压杆的屈曲

压杆是受轴向压缩载荷的杆件,结构力学中又称为柱。经验告诉我们,当轴向压缩力达到某个临界值时,压杆就会弯曲,称为屈曲。这种由一种变形状态(单轴压缩)向另一种变形状态(弯曲)转变的现象称为失稳,即失去稳定性。

关于压杆屈曲,我们关注两个问题:① 临界载荷多大? ② 压杆发生屈曲后弯曲成什么形状? 换言之,屈曲模态如何?

3.1　基本问题:简支梁受压屈曲

考虑一根杨氏模量为 E、截面惯性矩为 I、长度为 L 的两端简支压杆受到一对大小为 P 的压缩力,如图 3.1(a)所示。

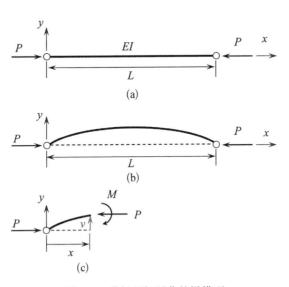

图 3.1　分析压杆屈曲的梁模型

从力学角度而言,屈曲是压杆从单轴压缩状态向弯曲状态的转变。对于弯曲的杆,我们采用梁理论进行分析,因此对于压杆和梁,一般不再做严格的区分。假设压杆发生了弯曲,如图 3.1(b)所示,我们要研究轴力 P 需要满足什么条件,弯曲变形才有可能发生。对压杆整体的受力分析表明,两端只受到压缩力 P,没有横向反力;在坐标 x 处做虚拟的切割,考虑从左端到 x 这一段梁,记截面上的弯矩为 M,通过平衡分析可知,截面上的剪力为 0,轴力为 P,弯矩为

$$M(x) = Pv \tag{3.1}$$

将式(3.1)与式(2.10)联立,得

$$EIv'' + Pv = 0 \tag{3.2}$$

或

$$v'' + \lambda^2 v = 0 \tag{3.3}$$

式中,$\lambda = \sqrt{P/EI}$。方程(3.3)有一个平凡解 $v \equiv 0$,其含义是梁不弯曲,显然这不是我们想找的屈曲解。方程(3.3)的通解为

$$v(x) = A\cos\lambda x + B\sin\lambda x \tag{3.4}$$

代入左端边界条件 $v(0) = 0$ 得 $A = 0$,则挠度为 $v(x) = B\sin\lambda x$;再代入右端边界条件 $v(L) = 0$,得 $B\sin\lambda L = 0$,此时注意,若 $B = 0$ 则其退化为平凡解,所以我们考虑 $B \neq 0$,因此得到简支压杆屈曲的特征方程

$$\sin\lambda L = 0 \tag{3.5}$$

式(3.5)的解为一系列孤立的值

$$\lambda_n = \frac{n\pi}{L}, \quad n \in \mathbb{N}^+ \tag{3.6}$$

式中,λ_n 为第 n 阶特征值,与之对应的第 n 阶临界载荷为

$$P_n = \frac{n^2\pi^2 EI}{L^2} \tag{3.7}$$

最小的临界载荷即第 1 阶临界载荷最为重要,称为临界载荷,记作 P_{cr}。与 λ_n 对应的挠度函数形式即第 n 阶屈曲模态为

$$v_n(x) = \sin\lambda_n x = \sin\frac{n\pi x}{L} \tag{3.8}$$

那么,B 的值如何确定呢?在线性化的屈曲模型里无法求解。如果将负的二阶导数看成是一个线性微分算子 D,则式(3.3)可写为

$$Dv = \lambda^2 v \qquad (3.9)$$

它与矩阵特征值问题 $\boldsymbol{Ax} = \lambda \boldsymbol{x}$ 具有相同的形式,也是个特征值问题,可以求出特征值(或临界载荷)和特征向量(即屈曲模态)。在线性代数中,矩阵对应某个特征值的特征向量有无穷多个,且可以组成特征子空间,这里也是类似的。所以,我们可以求出模态空间,但是无法求出具体的变形幅度。

试想,如果我们对一根完美无缺陷的简支梁施加轴向压缩力 P,在 P 的值从零逐渐增大的过程中,只要 $P < P_{\mathrm{cr}}$,则压杆屈曲的方程(3.2)只有零解,不会发生屈曲,因此其最大挠度 $v_{\max}$ 始终为零,如图 3.2 中 OB 所示。当轴力 P 达到临界载荷 P_{cr} 时,方程(3.2)仍有零解(BC),但也有挠度非零的屈曲解(BD),这种现象称为分岔。我们已经知道,达到分岔点之后,继续保持单轴压缩状态这种可能性在现实生活中是不会发生的,压杆一定会沿着 BD 持续增大弯曲,直至彻底压溃。

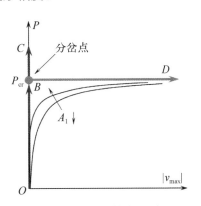

图 3.2 压杆的轴力-最大挠度曲线

图 3.2 中的路径 OBD 可视为无几何缺陷的完美压杆的轴力-最大挠度响应。实际的压杆总有缺陷,请读者回顾例题 2.5,其所导出的式(2.51)就是缺陷幅度为 A_1 的压杆的轴力-最大挠度响应,如图 3.2 中的曲线所示。更重要的是,随着 A_1 的减小,曲线越来越趋近 OBD。

3.2 其他边界条件

3.1 节我们推导的是受轴压简支梁的屈曲。如果边界条件变化,临界载荷和屈曲模态会变化吗?我们来尝试求解两端固支的情形,如图 3.3 所示。

一种方法是仿照 3.1 节的做法,先对梁整体做受力分析和平衡分析,求出弯矩的分布,利用二阶微分方程(2.10)建立特征方程,再写出通解并利用边界条件确定系数间的关系;另一种方法是直接求解四阶微分方程(2.20)。本节采用

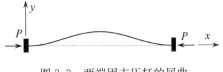

图 3.3 两端固支压杆的屈曲

后一种方法。考虑到 $N=-P$ 和 $q=0$，方程(2.20)变成

$$EIv^{(4)} + Nv'' = 0 \tag{3.10}$$

或

$$v^{(4)} + \lambda^2 v'' = 0 \tag{3.11}$$

其通解为

$$v = A\cos\lambda x + B\sin\lambda x + Cx + D \tag{3.12}$$

利用边界条件 $v(0)=0$ 和 $v'(0)=0$ 得到 $D=-A$，$C=-\lambda B$，将其代入 $v(L)=0$ 和 $v'(L)=0$ 并整理可得

$$\begin{bmatrix} 1-\cos\lambda L & \lambda L - \sin\lambda L \\ \sin\lambda L & 1-\cos\lambda L \end{bmatrix} \begin{bmatrix} A \\ B \end{bmatrix} = 0 \tag{3.13}$$

上式是典型的代数方程组 $\boldsymbol{Ax}=0$，其有非零解的充要条件是系数矩阵的行列式为零，即

$$2 - 2\cos\lambda L - \lambda L\sin\lambda L = 0 \tag{3.14}$$

整理后得

$$\sin\frac{\lambda L}{2}\left(\tan\frac{\lambda L}{2} - \frac{\lambda L}{2}\right) = 0 \tag{3.15}$$

有两种可能性

$$\sin\frac{\lambda L}{2} = 0 \ \text{或} \ \tan\frac{\lambda L}{2} = \frac{\lambda L}{2} \tag{3.16}$$

两种情形的第 1 阶特征值分别为

$$\frac{\lambda_1 L}{2} = \pi \approx 3.141\,6 \ \text{或} \ \frac{\lambda_1 L}{2} \approx 4.493\,4 \tag{3.17}$$

显然应该取较小的前者，因此有

$$P_{cr} = \frac{4\pi^2 EI}{L^2} \tag{3.18}$$

将 $\lambda_1 L = 2\pi$ 代入式(3.13)求出 $B=0$，代回式(3.12)并忽略无法确定的常数，得 1 阶模态

$$v_1(x) = \frac{1}{2}\Big(1 - \cos\frac{2\pi x}{L}\Big) \tag{3.19}$$

凑出系数 $1/2$ 是为了使 $v_1(L/2) = 1$。图 3.3 中的形状就是根据式(3.19)绘制的。

例题 3.1

一根简支梁(E, I, L)的右端安装了一个刚度为 K 的角弹簧,并受到轴向压缩力 P 的作用,如图 3.4(a)所示,求其屈曲临界载荷。

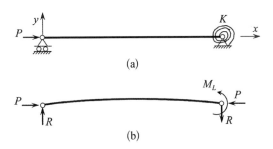

(a)

(b)

图 3.4　一端有角弹簧的简支压杆的屈曲

解: 假设梁发生屈曲后的形状和受力情况如图 3.4(b)所示。梁屈曲后,由于右端截面转动了 $\theta_L = v'(L)$,因此角弹簧产生了一个大小为 $Kv'(L)$、方向与截面转角相反的弯矩 M_L。由力矩平衡可知

$$M_L = RL \tag{3.20}$$

在轴向坐标 x 处的截面上,弯矩为

$$M(x) = Pv - Rx = -EIv'' \tag{3.21}$$

整理得

$$v'' + \lambda^2 v = \frac{Rx}{EI} \tag{3.22}$$

解为

$$v = A\cos\lambda x + B\sin\lambda x + \frac{Rx}{P} \tag{3.23}$$

左端边界条件 $v(0) = 0$ 得 $A = 0$,右端边界条件 $v(L) = 0$ 得

$$B\sin\lambda L + \frac{RL}{P} = 0 \tag{3.24}$$

右端弯矩满足

$$M(L) = -M_L = -RL = Kv'(L) = K\left(\lambda B\cos\lambda L + \frac{R}{P}\right) \tag{3.25}$$

联立式(3.24)和式(3.25)得关于 B 和 R 的代数方程组

$$\begin{bmatrix} \sin\lambda L & L/P \\ \lambda K\cos\lambda L & K/P+L \end{bmatrix}\begin{bmatrix} B \\ R \end{bmatrix} = 0 \tag{3.26}$$

平凡解 $B=0$，$R=0$ 非我们所感兴趣的,式(3.26)存在非零解的充要条件是矩阵行列式为零

$$\left(\frac{K}{P}+L\right)\sin\lambda L - \frac{K}{P}\lambda L\cos\lambda L = 0 \tag{3.27}$$

整理后得

$$\tan\lambda L = \frac{\lambda L}{1+\dfrac{EI}{KL}(\lambda L)^2} \tag{3.28}$$

特征方程(3.28)是一个超越方程,一般情况下只能用数值方法求解。当 $EI/KL=1$ 时,式(3.28)左侧正切函数如图 3.5 实线所示,右侧函数如图 3.5 虚线所示,二者除了 0 之外的第一个交点大概是 $\lambda_1 L = 3.40565$。

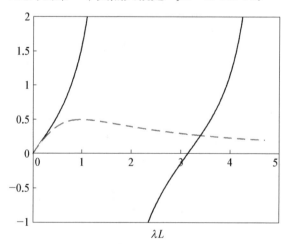

图 3.5 超越方程数值解法示意图

无量纲数 EI/KL 决定了特征方程(3.28)的解。若 $K=0$,式(3.28)退化为简支梁屈曲的特征方程,即式(3.5);若 $K\to\infty$,式(3.28)退化为

$$\tan\lambda L=\lambda L \tag{3.29}$$

这是一端简支一端固支梁屈曲的特征方程,其解可通过数值方法求出,此时图 3.5 虚线退化为斜率等于 1 的直线。

3.3 一般情形下的临界载荷与有效长度

对于其他情形,可重复 3.1 节、3.2 节步骤分析。一般情形的压杆临界载荷记作

$$P_{cr}=\frac{\pi^2 EI}{L_e^2} \tag{3.30}$$

式中,L_e 称为有效长度,其与实际长度 L 的比值 μ 依赖于边界条件。表 3.1 展示了四种典型边界条件下的有效长度与屈曲模态。

表 3.1　四种典型边界条件下的有效长度与屈曲模态

边　界　条　件	$\mu=L_e/L$	屈　曲　模　态
一端固支,一端自由	2	
两端简支	1	
一端固支,一端简支	0.699 8	
两端固支	0.5	

3.4 临界应力、回转半径、长细比

临界应力 σ_{cr} 可由临界载荷和压杆的截面积之商来计算

$$\sigma_{cr}=\frac{P_{cr}}{A}=\frac{\pi^2 EI}{L_e^2 A}=\frac{\pi^2 E}{(L_e/r)^2} \tag{3.31}$$

式中，r 称为回转半径，

$$r = \sqrt{\frac{I}{A}} \tag{3.32}$$

比值 L_e/r 称为压杆的长细比，描述杆的"苗条"程度。长细比越大，压杆越修长，越容易发生屈曲，反之越"矮胖"，越不容易屈曲。

3.5　提高压杆稳定性的措施

提高压杆稳定性的关键点在于提高临界应力 σ_{cr}，根据式（3.31）可以提出如下三类办法。

（1）增大杨氏模量 E。最简单的办法就是换用杨氏模量更大的材料，例如铝换成钢。但是一般来说，模量更大的材料也更重。

（2）增大回转半径 r。通过对截面几何进行设计，使得回转半径更大，但是截面的形状与尺寸往往受到诸多因素的制约，设计空间不大。

（3）减小等效长度 L_e。可通过减小实际长度、增强边界约束、增加横向约束机制等办法减小等效长度，从而提高临界应力。

例题 3.2

一根简支梁（$E，I，L$）在跨中连接有一根劲度系数为 k 的弹簧（见图 3.6），且为刚性连接（即不允许转动），推导求解临界载荷的特征方程。

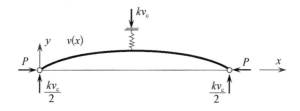

图 3.6　跨中有弹簧支撑的简支梁之屈曲

解： 设跨中的挠度为 v_c，则弹簧的回复力为 kv_c。整个梁的受力分析如图 3.6 所示。在轴向坐标 x（小于 $L/2$）处，弯矩为

$$M(x) = Pv - \frac{kv_c}{2}x = -EIv'' \tag{3.33}$$

整理后得

$$v'' + \lambda^2 v = \frac{kv_c}{2EI}x \tag{3.34}$$

其中 $\lambda^2 = P/EI$，上式的解为

$$v = A\cos\lambda x + B\sin\lambda x + \frac{kv_{\rm c}}{2P}x \tag{3.35}$$

左端边界条件 $v(0) = 0$ 得 $A = 0$。跨中挠度 $v(L/2) = v_{\rm c}$ 得

$$B = \frac{v_{\rm c}}{\sin\dfrac{\lambda L}{2}}\Big(1 - \frac{kL}{4P}\Big) \tag{3.36}$$

跨中处转角为零 $v'(L/2) = 0$，得

$$\Big(1 - \frac{kL}{4P}\Big)\cos\frac{\lambda L}{2} + \frac{k}{2P\lambda}\sin\frac{\lambda L}{2} = 0 \tag{3.37}$$

整理后得

$$\tan\frac{\lambda L}{2} = \frac{\lambda L}{2}\left[1 - \frac{16EI}{kL^3}\Big(\frac{\lambda L}{2}\Big)^2\right] \tag{3.38}$$

显然，这是一个超越方程，只能求数值解。表 3.2 给出了五种参数组合下的数值解。在 $k = 0$ 即无弹簧时，结构退化为简支梁屈曲问题。随着弹簧刚度的增大，临界载荷也升高。当弹簧刚度趋于无穷时，结构退化为两根长 $L/2$ 的一端简支一端固支梁。

表 3.2　五种材料参数组合下的临界载荷数值解

$k/(EI/L^3)$	$P_{\rm cr}/(\pi^2 EI/L^2)$
0	1
16	1.326 7
100	2.968 3
1 000	7.825 9
∞	8.183

请思考：如果梁跨中与弹簧连接处允许自由转动，结果会有差异吗？

3.6　用最小势能原理计算压杆的临界载荷

压杆屈曲的本质是受到轴向压缩的梁发生了弯曲，因此可以将其作为梁弯

曲问题用最小势能原理进行分析。

例题 3.3

对于 3.1 节所述的两端简支压杆,假设屈曲后挠度为

$$v = \sum_{n=1}^{\infty} A_n \sin \frac{n\pi x}{L} \tag{3.39}$$

用能量法求其临界载荷。

解: 注意到含有压缩力 $-P$ 的梁的总势能为

$$\begin{aligned}
\Pi &= \frac{1}{2} \int_0^L EI (v'')^2 \mathrm{d}x - \frac{1}{2} \int_0^L P (v')^2 \mathrm{d}x \\
&= \frac{EI}{2} \int_0^L \left(\frac{\pi}{L}\right)^4 \left(\sum_{n=1}^{\infty} n^2 A_n \sin \frac{n\pi x}{L}\right)^2 \mathrm{d}x - \frac{P}{2} \int_0^L \left(\frac{\pi}{L}\right)^2 \left(\sum_{n=1}^{\infty} n A_n \cos \frac{n\pi x}{L}\right)^2 \mathrm{d}x \\
&= \frac{\pi^4 EI}{4L^3} \sum_{n=1}^{\infty} n^4 A_n^2 - \frac{\pi^2 P}{4L} \sum_{n=1}^{\infty} n^2 A_n^2
\end{aligned} \tag{3.40}$$

其中利用了三角函数系的正交性。最小势能原理要求总势能一阶变分为零,即

$$\frac{\partial \Pi}{\partial A_n} = \frac{\pi^4 EI}{2L^3} n^4 A_n - \frac{\pi^2 P}{2L} n^2 A_n = 0 \tag{3.41}$$

显然,当 $A_n \neq 0$ 时,有第 n 阶特征值

$$P_n = \frac{n^2 \pi^2 EI}{L^2} \tag{3.42}$$

与 3.1 节结果完全一致,原因在于我们恰好采用了精确的屈曲模态式(3.39)。如果采用其他形式的函数对位移进行估计,则一般情况下得不到精确解。

例题 3.4

用能量法估算受轴压的悬臂梁的临界载荷 P_{cr}(见图 3.7)。

解: 假设梁屈曲后的形状如图 3.7 所示,记自由端的挠度为 v_0,设梁的挠度为

$$v = v_0 \frac{x^2}{2L^3}(3L - x) \tag{3.43}$$

图 3.7 悬臂梁的屈曲　　　　这里我们采用如下方法计算应变能。先

利用平衡计算弯矩

$$M = P(v_o - v) \tag{3.44}$$

再用弯矩计算应变能

$$
\begin{aligned}
\Pi &= \frac{1}{2}\int_0^L \frac{M^2}{EI}\mathrm{d}x - \frac{1}{2}\int_0^L P(v')^2\mathrm{d}x \\
&= \frac{P^2 v_o^2}{2EI}\int_0^L \left(1 - \frac{3x^2}{2L^2} + \frac{x^3}{2L^3}\right)^2 \mathrm{d}x - \frac{P}{2}\int_0^L \left(\frac{3v_o}{2L^3}\right)^2 x^2(2L-x)^2\mathrm{d}x \tag{3.45} \\
&= \frac{17}{35}\frac{P^2 v_o^2 L}{2EI} - \frac{3}{5}P\frac{v_o^2}{L}
\end{aligned}
$$

最小势能原理要求

$$\frac{\partial \Pi}{\partial v_o} = \frac{17}{35}\frac{P^2 v_o L}{EI} - \frac{6}{5}P\frac{v_o}{L} = 0 \tag{3.46}$$

得

$$P_{\mathrm{cr}} = \frac{42}{17}\frac{EI}{L^2} = 2.471\frac{EI}{L^2} \tag{3.47}$$

与精确解 $P_{\mathrm{cr}} = 2.467EI/L^2$ 很接近。请读者自行尝试用式(3.40),即挠度的二阶导数来计算应变能,得到的临界载荷的精确度会更高还是更低呢?

一般来说,如果可以用挠度直接计算出弯矩(对于静定结构通常是可以做到的),那么用式(3.45)计算势能从而求出的临界载荷比用式(3.40)求出的值更精确。一种直观的解读是,对于多项式,求导会降低阶数,从而使得应变能的阶数也减小,从而降低精度。

3.7 本章习题

习题 3.1

利用 2.2 节推导的含轴力作用的梁弯曲四阶微分方程(2.20),求解受轴向压缩的两端简支梁的屈曲临界载荷。

习题 3.2

如图 3.8 所示,两根完全相同的压杆(抗弯刚度为 EI,长度为 L)AB 和 BC 在点 B 处铰接,并用一刚度为 K 的角弹簧相连,若两杆在 B 处的转角不同,则

角弹簧产生大小为 K 乘以转角差的反弯矩。点 A 和点 C 处均为简支,但是点 B 可以沿横向自由运动。

(1) 推导系统屈曲临界载荷的特征方程;

(2) 求解 $K \to \infty$ 时的临界载荷;

(3) 求解 $EI \to \infty$ 时的临界载荷。

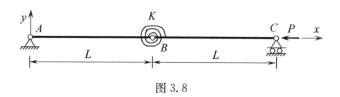

图 3.8

习题 3.3

图 3.9 为某飞行器控制回路结构的简化模型。一根抗弯刚度为 EI、长度为 a 的杆在 A 端固支,在 B 端与连杆 BC 铰接。杆 BC 长度为 b,在 C 端简支,可以在水平线上自由移动,但是在竖直方向被刚性滑块约束。初始状态下,ABC 三点均位于水平线上,整个系统在 C 处受到压缩力 P 的作用。杆 BC 可当作刚性杆。请对杆 AB 和杆 BC 进行受力分析,建立该结构屈曲问题的微分方程,并证明屈曲特征方程是

$$\tan \lambda a = \lambda (a + b)$$

式中,$\lambda^2 = P/EI$。

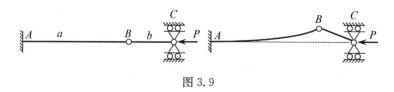

图 3.9

习题 3.4

如图 3.10 所示,一根抗弯刚度为 EI、长度为 L 的杆在左端 $x = 0$ 处固支,在右端 $x = L$ 处简支。杆在横向与弹性地基连接,其单位长度的刚度为 k,即若某点处的挠度为 v,则该点附近长度为 δx 的无限小领域受到的横向力为 $kv\delta x$。设该杆屈曲后的挠度为

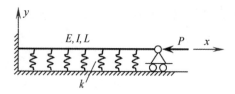

图 3.10

$$v = \sum_{n=0}^{p} a_n \eta^n,\text{其中 } \eta = x/L$$

（1）选择最小的项数 p，使得所有的位移和力边界条件都被满足，只保留一个待定常数。

（2）基于（1）所确定的挠度形式，用瑞利-里茨法求临界载荷 P_{cr} 的近似解。

答案：$P_{cr} = 21.05EI/L^2 + 0.09kL^2$。

习题 3.5

如图 3.11 所示，一棵树可简化为一根圆形截面的柱，截面积为 A，惯性矩为 I，木料的杨氏模量和密度分别为 E 和 ρ。假设树完全沿竖直方向向上生长，且截面积处处相等。重力加速度记作 g。基于结构稳定性的考虑，估算树生长所能达到的最大高度 L。

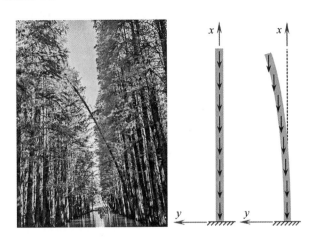

图 3.11

左图拍摄于江苏省金湖县水上森林公园，注意水道上方发生倾倒的水杉树

提示：① 计算轴力的分布 $N_x(x)$，利用习题 2.2 的结果建立系统总势能；② 假设树屈曲后的挠度为 $v = v_0[1 - \cos(\pi x/2L)]$，利用能量法建立屈曲临界条件。

第 4 章　薄壁梁的弯曲

飞机的诸多部件,如机身、机翼等都可以视为薄壁梁,使用薄壁结构的主要动因是减重。从本章开始,我们研究薄壁梁在弯、剪、扭三种基本载荷下的受力与变形。

4.1　工程梁理论

欧拉-伯努利梁模型有一个隐含的假设,即梁弯曲时,其轴线仍保持在同一平面内,这种弯曲称为平面弯曲或对称弯曲。但是,现实中的梁并不总发生对称弯曲。本章研究任意截面的梁在任意弯矩作用下发生的弯曲。

为便于分析,给出如下假设:① 平截面假设,即梁在无载荷状态下的横截面在弯曲之后仍然保持平面;② 层间无挤压假设,即纯弯曲下梁中各点的六个应力分量中除了轴向正应力 σ_x 之外都为零;③ 材料为均匀各向同性线弹性材料;④ 小变形。

可以想象,梁仍然有中性面,在中性面一侧的所有点都受拉而另一侧都受压。中性面与横截面的交线为中性轴。在发生对称弯曲的梁中,我们知道中性轴穿过形心,而且其取向与梁发生弯曲时截面转动所绕的方向平行。那么一般情况下梁的中性面或中性轴的位置与取向该如何确定呢? 截面上的应变、应力如何分布? 弯曲应力与弯矩分量 M_y,M_z 有何关系? 对称弯曲时的抗弯刚度 EI 该如何推广? 我们将通过本章的学习回答上述问题。

4.2　梁的弯曲应力分布

在弯矩 M_y,M_z 作用下的梁的横截面 A 上,假设中性轴 NA 与 y 轴所夹角度为 α,与截面形心 C 的距离为 p,如图 4.1 所示。

回顾 2.1 节的推导,根据平截面假设可知,截面上任一点 (y,z) 处的弯曲应变 ε_x 与该点到中性轴的距离 ξ 成正比,与梁轴线的曲率半径 ρ 成反比,即

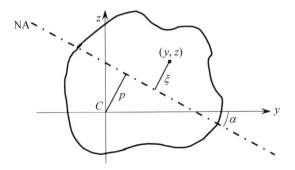

图 4.1　任意形状梁截面示意图

$$\varepsilon_x = \xi/\rho \tag{4.1}$$

则轴向应力分布为

$$\sigma_x = E\xi/\rho \tag{4.2}$$

由纯弯曲下的无轴力条件可知

$$P = \int_A \sigma_x \mathrm{d}A = \frac{E}{\rho}\int_A \xi \mathrm{d}A = 0 \tag{4.3}$$

即截面对中性轴的一阶矩（静矩）为零

$$\int_A \xi \mathrm{d}A = pA = 0 \tag{4.4}$$

因此，**中性轴穿过形心**，则图 4.1 中的情形转变为图 4.2。

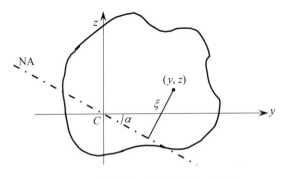

图 4.2　任意截面梁的中性轴示意图

接下来我们尝试确定中性轴的方向角 α。

对于截面内的任意一点 (y, z)，其到中性轴 NA 的距离为

$$\xi = y\sin\alpha + z\cos\alpha \tag{4.5}$$

弯矩分量 M_y，M_z 可由弯曲应力 σ_x 对 y，z 轴的一阶矩积分而来

$$M_y = \int_A \sigma_x z \mathrm{d}A = \frac{E}{\rho}\int_A (yz\sin\alpha + z^2\cos\alpha)\mathrm{d}A = \frac{E}{\rho}(I_{yz}\sin\alpha + I_{yy}\cos\alpha) \tag{4.6}$$

$$M_z = \int_A \sigma_x y \mathrm{d}A = \frac{E}{\rho}\int_A (y^2\sin\alpha + yz\cos\alpha)\mathrm{d}A = \frac{E}{\rho}(I_{zz}\sin\alpha + I_{yz}\cos\alpha) \tag{4.7}$$

式中所涉及的三个积分

$$I_{yy} = \int_A z^2 \mathrm{d}A, \quad I_{zz} = \int_A y^2 \mathrm{d}A, \quad I_{yz} = \int_A yz \mathrm{d}A \tag{4.8}$$

称为截面在形心坐标系 Cyz 中的惯性矩。将上述二式写为矩阵形式，得

$$\begin{bmatrix} M_y \\ M_z \end{bmatrix} = \frac{E}{\rho}\begin{bmatrix} I_{yz} & I_{yy} \\ I_{zz} & I_{yz} \end{bmatrix}\begin{bmatrix} \sin\alpha \\ \cos\alpha \end{bmatrix} \tag{4.9}$$

解之，可得

$$\frac{E}{\rho}\begin{bmatrix} \sin\alpha \\ \cos\alpha \end{bmatrix} = \frac{1}{I_{yz}^2 - I_{yy}I_{zz}}\begin{bmatrix} I_{yz} & -I_{yy} \\ -I_{zz} & I_{yz} \end{bmatrix}\begin{bmatrix} M_y \\ M_z \end{bmatrix} = \frac{1}{I_{yy}I_{zz} - I_{yz}^2}\begin{bmatrix} I_{yy}M_z - I_{yz}M_y \\ I_{zz}M_y - I_{yz}M_z \end{bmatrix} \tag{4.10}$$

将其与式(4.5)和式(4.2)联立可得弯曲应力

$$\begin{aligned} \sigma_x &= \frac{I_{yy}M_z - I_{yz}M_y}{I_{yy}I_{zz} - I_{yz}^2}y + \frac{I_{zz}M_y - I_{yz}M_z}{I_{yy}I_{zz} - I_{yz}^2}z \\ &= \frac{I_{zz}z - I_{yz}y}{I_{yy}I_{zz} - I_{yz}^2}M_y + \frac{I_{yy}y - I_{yz}z}{I_{yy}I_{zz} - I_{yz}^2}M_z \end{aligned} \tag{4.11}$$

式(4.11)是本章最重要的公式，并将贯穿后续与薄壁梁和飞机结构分析有关的所有章节。由式(4.11)可见，纯弯曲的梁中的弯曲应力是坐标 y，z 的一次函数，其分布不仅取决于三个惯性矩分量 I_{yy}，I_{zz}，I_{yz}，而且取决于两个弯矩分量 M_y，M_z。

根据中性轴的定义，可以由 $\sigma_x = 0$ 通过式(4.11)计算中性轴的斜率或直接

由式(4.12)得到角度 α 的正切,从而确定中性轴的取向

$$\tan\alpha = -\frac{z}{y} = \frac{I_{yy}M_z - I_{yz}M_y}{I_{zz}M_y - I_{yz}M_z} \tag{4.12}$$

式(4.12)表明,三维空间中纯弯曲梁的中性轴的方向不仅取决于三个惯性矩之间的比值,而且取决于两个弯矩分量的比,这是与对称弯曲不同的。

如果截面关于 y 轴或 z 轴对称,则有 $I_{yz} = 0$,式(4.11)将退化为

$$\sigma_x = \frac{M_z}{I_{zz}}y + \frac{M_y}{I_{yy}}z \tag{4.13}$$

此时若只有 M_y 或 M_z 一个弯矩分量,应力公式将退化为对称弯曲时的情形

$$\sigma_x = \frac{M_z}{I_{zz}}y \ \text{或} \ \sigma_x = \frac{M_y}{I_{yy}}z \tag{4.14}$$

4.3　梁截面的惯性矩、平行轴定理

式(4.8)所示的三个积分与理论力学中的刚体转动惯量相似,故称为惯性矩。典型截面的惯性矩可以查表获得。

本书中最常讨论的是矩形截面的惯性矩,考虑如图 4.3 所示的矩形截面,其惯性矩为

$$I_{yy} = \frac{ab^3}{12}, \quad I_{zz} = \frac{ba^3}{12}, \quad I_{yz} = 0 \quad (4.15)$$

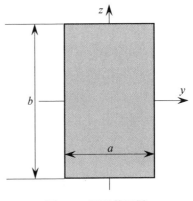

图 4.3　矩形截面梁

如果梁截面是规则形状,则在其自身形心坐标系中求解惯性矩是比较容易的,但是我们经常需要计算它在非形心坐标系中的惯性矩,这时使用平行轴定理比较方便。设平面内某区域 A 在其形心坐标系 Cyz 中的惯性矩为 I_{yy},I_{zz},I_{yz},现有与 Cyz 平行的坐标系 OYZ,如图 4.4(a)图所示,现计算域 A 在坐标系 OYZ 中的惯性矩 I_{YY},I_{ZZ},I_{YZ}。

形心 C 在坐标系 OYZ 中的坐标为 (a, b)。对于域中的任意一点,在

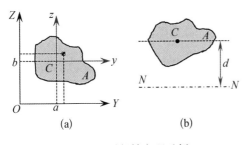

(a)　　　　　(b)

图 4.4　平行轴定理示例

坐标系 Cyz 和 OYZ 中的坐标分别为 (y, z) 和 (Y, Z)，有

$$Y = y + a, \quad Z = z + b \tag{4.16}$$

因此

$$I_{YY} = \int_A Z^2 \mathrm{d}A = \int_A (z+b)^2 \mathrm{d}A = \int_A z^2 \mathrm{d}A + 2b\int_A z \mathrm{d}A + b^2 A = I_{yy} + b^2 A \tag{4.17}$$

$$I_{ZZ} = \int_A Y^2 \mathrm{d}A = \int_A (y+a)^2 \mathrm{d}A = \int_A y^2 \mathrm{d}A + 2b\int_A y \mathrm{d}A + a^2 A = I_{zz} + a^2 A \tag{4.18}$$

$$I_{YZ} = \int_A YZ \mathrm{d}A = \int_A (y+a)(z+b)\mathrm{d}A$$
$$= \int_A yz \mathrm{d}A + a\int_A z \mathrm{d}A + b\int_A y \mathrm{d}A + ab A = I_{yz} + Aab \tag{4.19}$$

计算过程中用到了形心坐标系中静矩为零的结论。式(4.17)～式(4.19)称为平行轴定理，我们可以据此直接由形心坐标系中的惯性矩计算任意平移后的坐标系中的惯性矩，而不必重新计算积分。

更广义而言，如图 4.4(b)图所示，某域 A 对穿过其形心 C 的轴的惯性矩 I_C，与该域对平行于该轴但偏离距离为 d 的轴 N 的惯性矩 I_N 之间的关系为

$$I_N = I_C + Ad^2 \tag{4.20}$$

对于某些图形，除了惯性矩，还需要计算极惯性矩 I_O，定义为

$$I_O = \int_A r^2 \mathrm{d}A = \int_A (y^2 + z^2)\mathrm{d}A = I_{yy} + I_{zz} \tag{4.21}$$

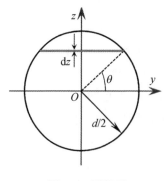

图 4.5　圆截面

极惯性矩和惯性矩之间的天然联系即式(4.21)，又称垂直轴定理。

例题 4.1　圆截面的惯性矩与极惯性矩

计算直径为 d 的圆形截面的惯性矩 I_{yy}（见图 4.5）。

解：直接求解当然是一种办法。引入极角 θ，则位于坐标 $z = r\sin\theta$ 处的弦长为 $2r\cos\theta$，而 $\mathrm{d}z = r\cos\theta \mathrm{d}\theta$，$\mathrm{d}A = 2r\cos\theta \mathrm{d}z = 2r^2\cos^2\theta \mathrm{d}\theta$，所以

$$I_{yy} = \int_A z^2 \, \mathrm{d}A = \int_{-\pi/2}^{\pi/2} 2r^4 \sin^2\theta \cos^2\theta \, \mathrm{d}\theta = \frac{\pi}{4} r^4 = \frac{\pi d^4}{64} \tag{4.22}$$

但还是稍显麻烦。不妨先计算极惯性矩

$$I_{\mathrm{O}} = \int_A \rho^2 \, \mathrm{d}A = \int_0^r \rho^2 2\pi\rho \, \mathrm{d}\rho = \frac{\pi}{2} r^4 = \frac{\pi d^4}{32} \tag{4.23}$$

利用 $I_{yy} = I_{zz}$ 和式(4.21),得

$$I_{yy} = I_{zz} = \frac{1}{2} I_{\mathrm{O}} = \frac{\pi d^4}{64} \tag{4.24}$$

4.4 非对称截面梁弯曲应力计算示例

例题 4.2 近似 T 型截面梁的弯曲应力

某梁的截面如图 4.6 所示,该梁受到作用于竖直平面内的弯矩 $1\,500\,\mathrm{N \cdot m}$（即 M_y）。计算最大的弯曲应力,并指出其位置。

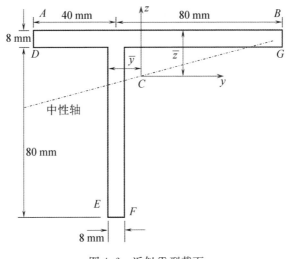

图 4.6 近似 T 型截面

解: 第一步是确定形心的位置。我们用图中所示的 $\bar{y}$, $\bar{z}$ 两个距离来标识,显然

$$\bar{z} = \frac{120 \times 8 \times 4 + 80 \times 8 \times 48}{120 \times 8 + 80 \times 8} = 21.6 \,\mathrm{mm} \tag{4.25}$$

$$\bar{y} = \frac{120 \times 8 \times 24 + 80 \times 8 \times 4}{120 \times 8 + 80 \times 8} = 16 \text{ mm} \tag{4.26}$$

在形心坐标系中计算惯性矩

$$I_{yy} = \frac{120 \times 8^3}{12} + 120 \times 8 \times 17.6^2 + \frac{8 \times 80^3}{12} + 80 \times 8 \times 26.4^2 = 1.09 \times 10^6 \text{ mm}^4 \tag{4.27}$$

$$I_{zz} = \frac{8 \times 120^3}{12} + 120 \times 8 \times 8^2 + \frac{80 \times 8^3}{12} + 80 \times 8 \times 12^2 = 1.31 \times 10^6 \text{ mm}^4 \tag{4.28}$$

$$I_{yz} = 120 \times 8 \times 8 \times 17.6 + 80 \times 8 \times (-12) \times (-26.4) = 0.34 \times 10^6 \text{ mm}^4 \tag{4.29}$$

将 $M_y = 1\,500 \text{ N} \cdot \text{m}$，$M_z = 0$ 代入式(5.4)计算弯曲应力(单位制为 N，mm)

$$\sigma_x = 1.5z - 0.39y \tag{4.30}$$

注意到中性轴为 $z = 0.26y$，从图 4.6 中可以看出最大弯曲应力可能发生在点 A 和点 F 两处，经过计算，发生在点 $F(y = -8 \text{ mm}, z = -66.4 \text{ mm})$，且值为

$$\sigma_{x,\max} = -96 \text{ MPa} \quad (\text{负号表示压缩}) \tag{4.31}$$

4.5　挠度分析

假设梁轴线沿 y、z 方向的挠度分别为 v、w，总挠度为 ζ，如图 4.7(a)所示。注意总挠度的方向应该与中性轴垂直，所以有

$$v = \zeta \sin \alpha, \quad w = \zeta \cos \alpha \tag{4.32}$$

总挠度的二阶导数之负值应等于曲率[可对比式(2.10)]，即

$$\frac{1}{\rho} = -\frac{\mathrm{d}^2 \zeta}{\mathrm{d}x^2} \tag{4.33}$$

注意式(4.10)联系了曲率 $1/\rho$ 与弯矩：

$$\frac{E}{\rho} \begin{bmatrix} \sin \alpha \\ \cos \alpha \end{bmatrix} = \frac{1}{I_{yy}I_{zz} - I_{yz}^2} \begin{bmatrix} I_{yy}M_z - I_{yz}M_y \\ I_{zz}M_y - I_{yz}M_z \end{bmatrix} \tag{4.10}$$

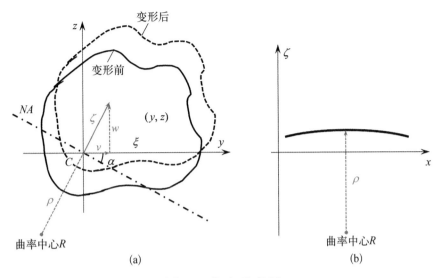

图 4.7　挠度示意图

在两个弯矩分量 M_y，M_z 比值保持不变的区间内，有 $\mathrm{d}\alpha/\mathrm{d}x = 0$，因此可将式 (4.32) 代入式 (4.33)，得

$$\frac{\sin\alpha}{\rho} = -\frac{\mathrm{d}^2 v}{\mathrm{d}x^2}, \quad \frac{\cos\alpha}{\rho} = -\frac{\mathrm{d}^2 w}{\mathrm{d}x^2} \tag{4.34}$$

再代入式 (4.10)，得

$$-E\begin{bmatrix} v'' \\ w'' \end{bmatrix} = \frac{1}{I_{yy}I_{zz} - I_{yz}^2}\begin{bmatrix} I_{yy}M_z - I_{yz}M_y \\ I_{zz}M_y - I_{yz}M_z \end{bmatrix} \tag{4.35}$$

如果有了 $M_y(x)$ 和 $M_z(x)$，依据式 (4.35) 和边界条件就可以求解挠度。

式 (4.35) 的逆形式也是常用的

$$\begin{bmatrix} M_y \\ M_z \end{bmatrix} = -E\begin{bmatrix} I_{yz} & I_{yy} \\ I_{zz} & I_{yz} \end{bmatrix}\begin{bmatrix} v'' \\ w'' \end{bmatrix} \tag{4.36}$$

对于对称弯曲的情形，例如 $w \equiv 0$，容易验证式 (4.35) 退化为式 (2.11)。

例题 4.3　非对称梁弯曲的挠度

如图 4.8 所示，一根悬臂梁在末端受到集中载荷 W 的作用，其截面的惯性矩为 I_{yy}，I_{zz}，I_{yz}，求解其末端的水平、竖直方向上的挠度 v_{tip}，w_{tip}。

解：注意到 $M_y(x) = W(L-x)$ 和 $M_z(x) = 0$，代入式 (4.35) 得

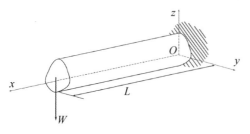

$$-E\begin{bmatrix} v'' \\ w'' \end{bmatrix} = \frac{W(L-x)}{I_{yy}I_{zz} - I_{yz}^2}\begin{bmatrix} -I_{yz} \\ I_{zz} \end{bmatrix}$$ (4.37)

先看水平方向

$$v'' = \frac{I_{yz}W(L-x)}{E(I_{yy}I_{zz} - I_{yz}^2)}$$ (4.38)

图 4.8　末端受集中力作用的非对称悬臂梁

积分两次,得

$$v' = \frac{I_{yz}W}{E(I_{yy}I_{zz} - I_{yz}^2)}\left(Lx - \frac{x^2}{2} + C_1\right)$$ (4.39)

$$v = \frac{I_{yz}W}{E(I_{yy}I_{zz} - I_{yz}^2)}\left(L\frac{x^2}{2} - \frac{x^3}{6} + C_1 x + C_2\right)$$ (4.40)

根据固支端的边界条件可知 $C_1 = C_2 = 0$,于是

$$v = \frac{I_{yz}W}{E(I_{yy}I_{zz} - I_{yz}^2)}\left(L\frac{x^2}{2} - \frac{x^3}{6}\right)$$ (4.41)

$$v_{\text{tip}} = \frac{WL^3 I_{yz}}{3E(I_{yy}I_{zz} - I_{yz}^2)}$$ (4.42)

根据习题 4.1 可知式(4.42)分母为正,因此自由端在水平方向往哪边平移完全取决于交叉惯性矩 I_{yz} 的符号。

再看竖直方向

$$w'' = -\frac{WI_{zz}}{E(I_{yy}I_{zz} - I_{yz}^2)}(L-x)$$ (4.43)

积分两次,得

$$w' = -\frac{WI_{zz}}{E(I_{yy}I_{zz} - I_{yz}^2)}\left(Lx - \frac{x^2}{2} + C_3\right)$$ (4.44)

$$w = -\frac{WI_{zz}}{E(I_{yy}I_{zz} - I_{yz}^2)}\left(L\frac{x^2}{2} - \frac{x^3}{6} + C_3 x + C_4\right)$$ (4.45)

根据固支端的边界条件可知 $C_3 = C_4 = 0$,于是

$$w = -\frac{WI_{zz}}{E(I_{yy}I_{zz} - I_{yz}^2)}\left(L\,\frac{x^2}{2} - \frac{x^3}{6}\right) \tag{4.46}$$

可见 $w<0$，这是合理的，因为自由端的集中力是向下作用的。自由端竖直方向挠度为

$$w_{\text{tip}} = -\frac{WL^3 I_{zz}}{3E(I_{yy}I_{zz} - I_{yz}^2)} \tag{4.47}$$

4.6　薄壁截面惯性矩的近似计算

到目前位置，本章所讲述的内容适用于截面为任意几何形状的梁。出于减重的考虑，在航空结构中大量使用薄壁梁，薄壁梁的特点是壁板的厚度远小于截面的特征尺寸。对于此类薄壁梁，在计算其惯性矩时，只保留厚度的一次项即可，因为更高次的项相比于一次项都是小量，对于结构分析而言影响很小，将其略去可以大大节省时间成本。

例题 4.4　薄壁槽型梁的惯性矩计算

如图 4.9 所示的槽型梁截面，上下缘条和中间腹板的厚度均为 t，上下缘条中心线间距为 $2h$，缘条宽度为 b，请计算截面对 y 轴的惯性矩并做近似。

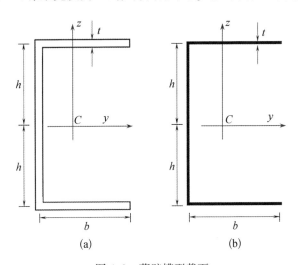

(a)　　　　　　　　　　(b)

图 4.9　薄壁槽型截面

解： 因为截面关于水平中心线对称，所以 y 轴穿过形心。基于矩形截面惯性矩的算式和平行轴定理，可直接计算

$$
\begin{aligned}
I_{yy} &= \frac{t}{12}\left[2\left(h-\frac{t}{2}\right)\right]^3 + 2\left[\frac{(b+t/2)t^3}{12} + \left(b+\frac{t}{2}\right)th^2\right] \\
&= \frac{t}{12}\left[8\left(h^3 - 3h^2\frac{t}{2} + 3h\frac{t^2}{4} - \frac{t^3}{8}\right)\right] + 2\left(\frac{bt^3}{12} + \frac{t^4}{24} + bth^2 + \frac{t^2h^2}{2}\right) \\
&\approx 2bh^2t + \frac{2}{3}h^3t
\end{aligned}
\tag{4.48}
$$

注意到 $t/h \ll 1$，$t/b \ll 1$，所以 t 的二次及更高次项均被忽略。

例题 4.5 倾斜壁面的惯性矩计算

如图 4.10 所示的截面只含有一个倾斜的直壁面，壁面长度为 a、厚度为 t，且 $t \ll a$，壁面中线与 y 轴夹角为 β，基于薄壁近似计算其所有三个惯性矩分量。

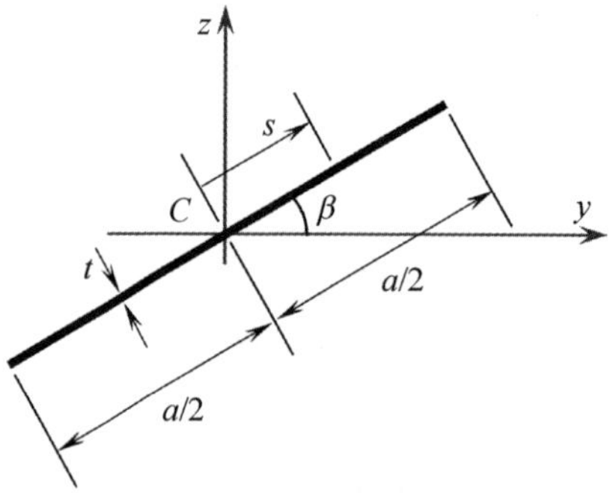

图 4.10 倾斜直壁面

解： 建立从形心出发的弧长坐标 s，显然有

$$
y = s\cos\beta,\quad z = s\sin\beta \tag{4.49}
$$

则

$$
I_{yy} = 2\int_0^{a/2} z^2 t\,\mathrm{d}s = 2t\int_0^{a/2} s^2\sin^2\beta\,\mathrm{d}s = \frac{a^3t\,\sin^2\beta}{12} \tag{4.50}
$$

$$
I_{zz} = 2\int_0^{a/2} y^2 t\,\mathrm{d}s = 2t\int_0^{a/2} s^2\cos^2\beta\,\mathrm{d}s = \frac{a^3t\cos^2\beta}{12} \tag{4.51}
$$

$$
I_{yz} = 2\int_0^{a/2} yzt\,\mathrm{d}s = 2t\int_0^{a/2} s^2\sin\beta\cos\beta\,\mathrm{d}s = \frac{a^3t\sin\beta\cos\beta}{12} \tag{4.52}
$$

本题截面的特殊之处在于，三个惯性矩满足 $I_{yy}I_{zz} - I_{yz}^2 = 0$，若用式(4.11)计算弯曲应力就会出现分母为零的情况，这是不允许的。这一矛盾说明薄壁近似此时失效了，需要精确计算惯性矩才能避免这一矛盾。实际上，壁面相对于其中心线的惯性矩为 $at^3/12$，此时显然不能忽略厚度的高次项。

例题 4.6 半圆环薄壁截面的惯性矩计算

如图 4.11 所示的截面为一薄壁半圆环，厚度 t 远小于壁面中线半径 R，基于薄壁近似计算其相对于 y 轴的惯性矩。

解：建立如图所示的极坐标系，则有

$$z = R\cos\theta, \quad \mathrm{d}s = R\mathrm{d}\theta \tag{4.53}$$

于是

$$\begin{aligned}
I_{yy} &= \int_0^\pi z^2 t \mathrm{d}s = \int_0^\pi R^2 \cos^2\theta t R \mathrm{d}\theta \\
&= R^3 t \int_0^\pi \frac{1+\cos 2\theta}{2}\mathrm{d}\theta \\
&= \frac{\pi R^3 t}{2}
\end{aligned} \tag{4.54}$$

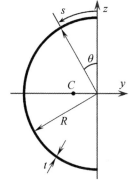

图 4.11　半圆环薄壁截面

例题 4.7　薄壁 Z 字型截面的弯曲应力

如图 4.12 所示为一个薄壁的 Z 字型截面，该梁受到弯矩 M_y 的作用，请计算截面上的正应力分布。

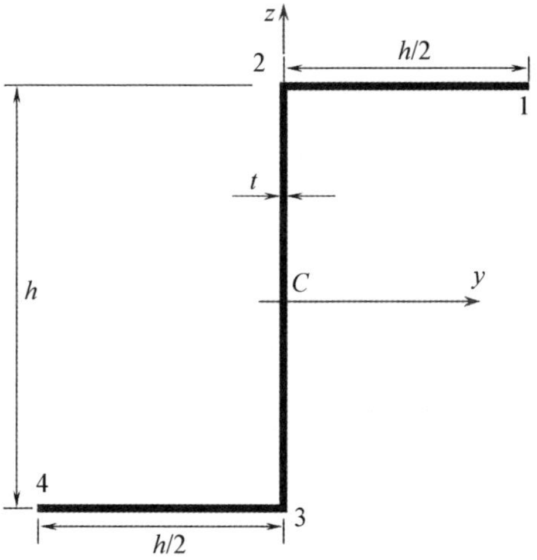

解：形心 C 位于腹板中心。计算三个惯性矩如下：

$$I_{yy} = 2\,\frac{ht}{2}\left(\frac{h}{2}\right)^2 + \frac{th^3}{12} = \frac{h^3 t}{3} \tag{4.55}$$

$$I_{zz} = \frac{h^3 t}{12} \tag{4.56}$$

$$I_{yz} = 2\left(\frac{ht}{2}\right)\frac{h}{2}\,\frac{h}{4} = \frac{h^3 t}{8} \tag{4.57}$$

图 4.12　薄壁 Z 字型截面

代入式（4.11）得弯曲应力

$$\sigma_x = \frac{M_y}{h^3 t}(6.86y - 10.30x) \tag{4.58}$$

在上缘条 $y = 0.5h$，

$$\sigma_x = \frac{M_y}{h^3 t}(3.43h - 10.30x) \tag{4.59}$$

腹板当中 $x = 0$，

$$\sigma_x = \frac{M_y}{h^3 t} 6.86y \tag{4.60}$$

截面上的应力分布及重要结果标记于图 4.13 中。

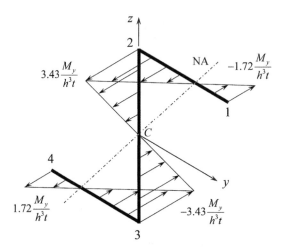

图 4.13 薄壁 Z 字型截面上的应力分布

4.7 热效应

飞行器在服役的过程中往往承受很大的温度变化。民航客机夏季时在地面受到阳光暴晒,机体温度可升至 100℃,在平流层巡航时舱外温度可降至 -50℃甚至更低。绕地飞行的宇宙飞船在背阴面和向阳面的典型温度分别可达 -157℃和 200℃。在如此大的温度变化范围内,材料的性质和几何形状都可能发生剧烈的变化,对飞行器结构的安全造成影响。

绝大多数固体存在热胀冷缩的现象。在温度变化 ΔT 时,无应力自由状态下的材料所发生的应变称为热胀应变 ε_{ij}^T,它与温变的关系为

$$\varepsilon_{ij}^T = \alpha_{ij} \Delta T \tag{4.61}$$

式中,α_{ij} 称为热胀系数张量,是材料的一种热物性参数。总应变是机械应变(应力造成的应变)与热胀应变之和:

$$\varepsilon_{ij} = \varepsilon_{ij}^M + \varepsilon_{ij}^T = S_{ijkl}\sigma_{kl} + \alpha_{ij}\Delta T \tag{4.62}$$

需要指出的是,一般而言热胀应变与温度变化量之间并不是线性关系,即式(4.61)中定义的热胀系数 α_{ij} 不一定是常数。通常只有在温度变化量不大时,热

胀系数才近似可以看作是常数。为了简单起见,下文提到的热胀系数默认为常数。对于各向同性固体材料,有 $\alpha_{ij} = \alpha\delta_{ij}$,此处的 α 为(线性)热胀系数,也称线胀系数。

对于梁问题,我们通常只考虑轴向应变,同时仍然坚持平截面假设,因此对于在 xy 面内发生弯曲的梁,轴向应变的分布满足:

$$\varepsilon_x = \frac{y}{\rho} + \varepsilon_x^0 \tag{4.63}$$

式中,ε_x^0 为梁中性轴上的应变。同时,式(4.62)退化为

$$\varepsilon_x = \frac{\sigma_x}{E} + \alpha\Delta T \tag{4.64}$$

注意,式中的温变 $\Delta T = \Delta T(y, z)$ 并不一定是全场均匀的。

联立式(4.63)和式(4.64),并计算梁中的轴力和弯矩

$$N_x = \int_A \sigma_x \mathrm{d}A = \int_A E\left(\frac{y}{\rho} + \varepsilon_x^0 - \alpha\Delta T\right)\mathrm{d}A = E\left(\varepsilon_x^0 A - \alpha\int_A \Delta T \mathrm{d}A\right) \tag{4.65}$$

$$M_z = \int_A \sigma_x y \mathrm{d}A = \int_A E\left(\frac{y^2}{\rho} + \varepsilon_x^0 y - \alpha\Delta T y\right)\mathrm{d}A = \frac{EI}{\rho} - E\alpha\left(\int_A \Delta T y \mathrm{d}A\right) \tag{4.66}$$

当温变为常数时

$$N_x = EA(\varepsilon_x^0 - \alpha\Delta T) \tag{4.67}$$

$$M_z = \frac{EI}{\rho} \tag{4.68}$$

此时

$$\sigma_x = \frac{M_z}{I_{zz}}y + \frac{N_x}{A} \tag{4.69}$$

可见,当梁中的温度变化均匀时,温变不会导致弯曲。

例题 4.8　双材料层合梁

图 4.14 所示为两种材料通过完美粘接制成的层合梁,上下两种材料的杨氏

模量、热胀系数、厚度分别为 E_i，α_i，t_i，$i=1$，2，宽度均为 b。层合梁不受任何外载荷，当温升为 ΔT 时，请求解该结构。

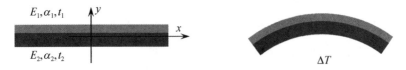

图 4.14 双材料层合梁

解： 正式推导之前，先设想一下物理过程。一般情况下 $\alpha_1 \neq \alpha_2$，比如 $\alpha_1 > \alpha_2$，若两层材料各自自由变形，则材料 1 的伸长量势必比材料 2 大，现在将二者粘接起来，它们在界面上的轴向应变被迫相同，则材料 1 受到制约，材料 2 受到拉扯，层合梁将产生图 4.14 右图所示的弯曲。

由于一时无法立刻确认中性轴的位置，姑且把 x 轴定在界面处。应变分布仍然遵循式（4.64），因此

$$\sigma_x = \begin{cases} E_1(\kappa y + \varepsilon_0 - \alpha_1 \Delta T), & y > 0 \\ E_2(\kappa y + \varepsilon_0 - \alpha_2 \Delta T), & y < 0 \end{cases} \tag{4.70}$$

式中，$\kappa = 1/\rho$ 为曲率。由于梁不受外载荷，因此轴力和弯矩均为零：

$$N_x = \int_{-t_2}^{t_1} \sigma_x b \, \mathrm{d}y = b \int_0^{t_1} \sigma_x \, \mathrm{d}y + b \int_{-t_2}^0 \sigma_x \, \mathrm{d}y$$

$$= b \int_0^{t_1} E_1(\kappa y + \varepsilon_0 - \alpha_1 \Delta T) \, \mathrm{d}y + b \int_{-t_2}^0 E_2(\kappa y + \varepsilon_0 - \alpha_2 \Delta T) \, \mathrm{d}y$$

$$= b E_1 \left(\kappa \frac{t_1^2}{2} + \varepsilon_0 t_1 - \alpha_1 \Delta T t_1 \right) + b E_2 \left(-\kappa \frac{t_2^2}{2} + \varepsilon_0 t_2 - \alpha_2 \Delta T t_2 \right) = 0 \tag{4.71}$$

$$M_z = \int_{-t_2}^{t_1} \sigma_x b y \, \mathrm{d}y = b \int_0^{t_1} \sigma_x y \, \mathrm{d}y + b \int_{-t_2}^0 \sigma_x y \, \mathrm{d}y$$

$$= b \int_0^{t_1} E_1(\kappa y + \varepsilon_0 - \alpha_1 \Delta T) y \, \mathrm{d}y + b \int_{-t_2}^0 E_2(\kappa y + \varepsilon_0 - \alpha_2 \Delta T) y \, \mathrm{d}y$$

$$= b E_1 \left(\kappa \frac{t_1^3}{3} + \varepsilon_0 \frac{t_1^2}{2} - \alpha_1 \Delta T \frac{t_1^2}{2} \right) + b E_2 \left(\kappa \frac{t_2^3}{3} - \varepsilon_0 \frac{t_2^2}{2} + \alpha_2 \Delta T \frac{t_2^2}{2} \right) = 0 \tag{4.72}$$

整理式（4.71）和式（4.72），得

$$\frac{\kappa}{2}(E_1 t_1^2 - E_2 t_2^2) + \varepsilon_0 (E_1 t_1 + E_2 t_2) = (E_1 \alpha_1 t_1 + E_2 \alpha_2 t_2)\Delta T \tag{4.73}$$

$$\frac{\kappa}{3}(E_1 t_1^3 + E_2 t_2^3) + \frac{\varepsilon_0}{2}(E_1 t_1^2 - E_2 t_2^2) = \frac{1}{2}(E_1 \alpha_1 t_1^2 - E_2 \alpha_2 t_2^2)\Delta T \tag{4.74}$$

这是一个 2×2 的线性方程组,解之可得

$$\varepsilon_0 = \frac{E_1^2 t_1^4 \alpha_1 + E_2^2 t_2^4 \alpha_2 + E_1 E_2 t_1 t_2 (4t_1^2 \alpha_2 + 4t_2^2 \alpha_1 + 3t_1 t_2 \alpha_1 + 3t_1 t_2 \alpha_2)}{E_1^2 t_1^4 + E_2^2 t_2^4 + E_1 E_2 t_1 t_2 (4t_1^2 + 4t_2^2 + 6t_1 t_2)}\Delta T \tag{4.75}$$

$$\kappa = \frac{6E_1 E_2 t_1 t_2 (t_1 + t_2)(\alpha_1 - \alpha_2)}{E_1^2 t_1^4 + E_2^2 t_2^4 + E_1 E_2 t_1 t_2 (4t_1^2 + 4t_2^2 + 6t_1 t_2)}\Delta T \tag{4.76}$$

由界面处轴向应变 ε_0 和曲率 κ 可求解梁中的应变场和应力场。

作为一种验证,可以考虑 $\alpha_1 = \alpha_2 = \alpha$ 这种特殊情形,此时 $\kappa = 0$,而式(4.75)退化为 $\varepsilon_0 = \alpha \Delta T$,符合预期。

4.8　本章习题

习题 4.1

证明以下不等式,并描述等号成立时的截面。

$$I_{yy} I_{zz} - I_{yz}^2 \geqslant 0 \tag{4.77}$$

提示:假设函数 f、g 是定义在梁截面 $A \subset \mathbb{R}^2$ 上的二元函数,定义内积 $(f, g) = \int_A f(y, z)g(y, z)\mathrm{d}A$,证明其满足内积所要求的条件;选取 $f(y, z) = y$ 和 $g(y, z) = z$;利用柯西-施瓦茨不等式 $(f, g)^2 \leqslant (f, f)(g, g)$,即可得证。

习题 4.2

一薄壁梁的截面如图 4.15 所示。若该梁受到平行于腹板 23 作用的弯矩 M_y 的作用,请计算截面内的正应力分布,标记 1,2,3,4 四个点处的正应力值,并仿照例题 4.7 绘制应力分

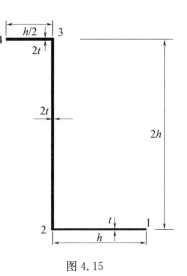

图 4.15

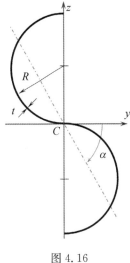

图 4.16

布图。

习题 4.3

一薄壁梁的截面如图 4.16 所示。壁面中线半径 $R=5$ mm，壁厚 $t=0.64$ mm 为常数。梁受到弯矩 $M_y=3.5$ N·m 的作用。计算中性轴的方位角 α，以及最大正应力的值和位置。

习题 4.4

一均匀薄壁梁 ABD 在 B 和 D 两处简支，在 A 端承受一个竖直向下的集中力 W，其作用线通过腹板，如图 4.17 所示。材料的杨氏模量为 E，截面壁厚 t 为常数。请计算梁在 BD 段中点处的竖直和水平方向的挠度，并指明其方向。

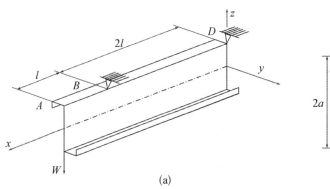

(a)

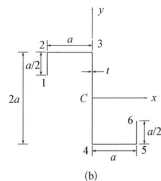

(b)

图 4.17

第5章 薄壁梁的剪切

5.1 薄壁梁的受力分析：壁板的平衡微分方程

考虑任意的薄壁梁，由于壁板厚度相对其他尺寸都很小，其截面可以抽象成曲线或由曲线拼接成的图形，因此可以用曲线论进行描述和研究。设截面内的壁板弧长坐标为 s，其度量起点可视方便选取，如图 5.1 所示。

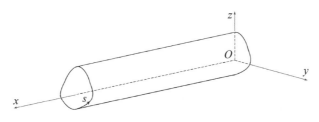

图 5.1　薄壁梁示意图

为了方便进行分析，我们对薄壁梁做出如下假设：

（1）无轴力作用 P，轴向正应力 σ_x 完全由弯曲引起。

（2）无体力，无净内压。

（3）无轴向约束。

（4）在与梁表面垂直的面上，正应力和剪应力沿厚度方向为常数。

（5）梁的外壁不受外力作用，沿壁厚方向的剪应力为零。

（6）梁截面沿轴向不发生变化，因此壁厚在截面内可能变化但是沿轴向为常数。

（7）壁厚与截面特征尺寸相比为小量，因此计算截面几何参数时可采用薄壁近似。

如图 5.2 所示，在壁板上取一块微元 $\delta x \times \delta s$，局部厚度为 t，微元上的应力分量为 σ_x，σ_s，$\tau_{xs} = \tau_{sx}$（记作 τ）。微元的尺寸很小，且壁板不受到横向的外力

（净内压），因此其曲率可忽略不计，且厚度在 $\delta x \times \delta s$ 的范围内不变化。

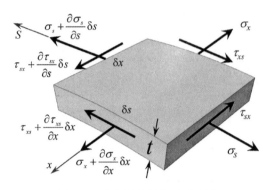

图 5.2 薄壁梁壁板微元示意图

分析该微元的受力平衡，可得

$$t \frac{\partial \sigma_x}{\partial x} + t \frac{\partial \tau_{sx}}{\partial s} = 0 \tag{5.1}$$

$$t \frac{\partial \sigma_s}{\partial s} + t \frac{\partial \tau_{xs}}{\partial x} = 0 \tag{5.2}$$

注意到壁板中沿壁板弧长方向的剪应力 $\tau_{xs} = \tau_{sx} = \tau$，定义其与当地厚度的乘积为剪流 q，

$$q = \tau t \tag{5.3}$$

剪流实际上就是单位弧长的剪力。平衡方程可写为

$$t \frac{\partial \sigma_x}{\partial x} + \frac{\partial q}{\partial s} = 0 \tag{5.4}$$

$$t \frac{\partial \sigma_s}{\partial s} + \frac{\partial q}{\partial x} = 0 \tag{5.5}$$

5.2 薄壁梁的变形分析：应变与位移

在薄壁梁的截面上，壁板中线上一点沿着轴向、切向（弧长增加方向）、法向的位移分别记为 u，v_t，v_n，并记该点处的曲率半径为 r，如图 5.3 所示。

轴向与切向正应变为

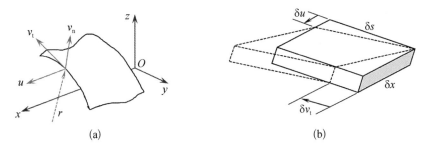

图 5.3　薄壁梁的位移和应变示意图

(a) 位移；(b) 应变

$$\varepsilon_x = \frac{\partial u}{\partial x} \tag{5.6}$$

$$\varepsilon_s = \frac{\partial v_t}{\partial s} + \frac{v_n}{r} \tag{5.7}$$

壁板的面内剪应变为

$$\gamma_{xs} = \frac{\partial u}{\partial s} + \frac{\partial v_t}{\partial x} \tag{5.8}$$

为了分析的简便，我们对薄壁梁的截面在面内的运动采用**刚周边假设**，即认为整个截面在 yz 面内做刚体平面运动。如图 5.4 所示，设坐标原点 O 处的平动位移为 (v, w)，整个截面绕 x 轴转动的角度为 θ。仿照理论力学中的刚体平面运动知识，可以写出壁面中线上一点 N 的切向位移

$$v_t = v\cos\psi + w\sin\psi + p\theta \tag{5.9}$$

式中，p 为从原点到壁面在点 N 处切线的距离，ψ 为切向在 yz 坐标系中的方位角。

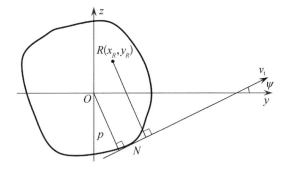

图 5.4　刚周边假设示意图

类似于刚体平面运动的瞬心,梁截面有一个扭转中心 R,简称扭心,整个截面绕其做刚体旋转。记 p_R 为从扭心到点 N 处切线的距离,则

$$v_{\mathrm{t}} = p_R \theta \tag{5.10}$$

注意到

$$p_R = p - y_R \sin \psi + z_R \cos \psi \tag{5.11}$$

因此

$$v_{\mathrm{t}} = p\theta - y_R \theta \sin \psi + z_R \theta \cos \psi \tag{5.12}$$

将式(5.9)和式(5.12)对轴向坐标 x 求导,得

$$\frac{\mathrm{d}v_{\mathrm{t}}}{\mathrm{d}x} = \frac{\mathrm{d}v}{\mathrm{d}x}\cos \psi + \frac{\mathrm{d}w}{\mathrm{d}x}\sin \psi + p\frac{\mathrm{d}\theta}{\mathrm{d}x} \tag{5.13}$$

$$\frac{\mathrm{d}v_{\mathrm{t}}}{\mathrm{d}x} = p\frac{\mathrm{d}\theta}{\mathrm{d}x} - y_R\frac{\mathrm{d}\theta}{\mathrm{d}x}\sin \psi + z_R\frac{\mathrm{d}\theta}{\mathrm{d}x}\cos \psi \tag{5.14}$$

联立两式,得

$$y_R = -\frac{\mathrm{d}w}{\mathrm{d}x}\bigg/\frac{\mathrm{d}\theta}{\mathrm{d}x}, \quad z_R = \frac{\mathrm{d}v}{\mathrm{d}x}\bigg/\frac{\mathrm{d}\theta}{\mathrm{d}x} \tag{5.15}$$

需要指出的是,刚周边假设并不涉及壁板上的点沿轴向的运动。

5.3 开口薄壁梁的剪切

5.3.1 剪流的计算

由于各种原因,飞行器上大量采用了开口的结构。对于开口薄壁梁,即截面不闭合的薄壁梁,例如图 5.5 所示,开口处没有外载荷,因此将弧长起点选在开口处较为便利,有 $q\,|_{s=0}=0$。

在薄壁梁受到剪力作用时,剪力作用线的位置是有影响的。当剪力通过某点时,薄壁梁不发生扭转,该点称为剪力中心,简称剪心。如果剪力作用线不通过剪心,则梁会发生扭转。剪心位置的求法将在后续节段介绍。假设图 5.5 所示的剪力通过截面的剪心。

注意到 5.1 节中的假设(2),由于壁板内外没有压差,可认为 $\sigma_s = 0$,因此

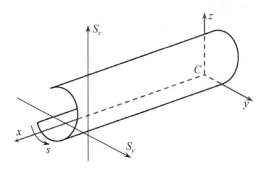

图 5.5　开口薄壁梁受剪示意图

式(5.5)为

$$\frac{\partial q}{\partial x} = 0 \tag{5.16}$$

即剪流沿轴向的导数为零。将弯曲应力的算式(4.11)代入式(5.4),得

$$
\frac{\partial q}{\partial s} = -t\frac{\partial \sigma_x}{\partial x}
$$

$$
= -\frac{I_{yy}\dfrac{\partial M_z}{\partial x} - I_{yz}\dfrac{\partial M_y}{\partial x}}{I_{yy}I_{zz} - I_{yz}^2}ty - \frac{I_{zz}\dfrac{\partial M_y}{\partial x} - I_{yz}\dfrac{\partial M_z}{\partial x}}{I_{yy}I_{zz} - I_{yz}^2}tz \tag{5.17}
$$

再将剪力与弯矩的关系式(2.1)与式(2.2)代入式(5.17),得

$$
\frac{\partial q}{\partial s} = -\frac{I_{yy}S_y - I_{yz}S_z}{I_{yy}I_{zz} - I_{yz}^2}ty - \frac{I_{zz}S_z - I_{yz}S_y}{I_{yy}I_{zz} - I_{yz}^2}tz \tag{5.18}
$$

只要剪流的导数存在,式(5.18)对于开口、闭口梁都成立。本书中,剪流无法求导的情形主要包括壁面的分岔和交联,例如三块壁板交汇处。

如前所述,剪流在开口处为零,因此对式(5.18)从 $s=0$ 处积分,可得

$$
q = -\frac{I_{yy}S_y - I_{yz}S_z}{I_{yy}I_{zz} - I_{yz}^2}\int_0^s ty\,\mathrm{d}s - \frac{I_{zz}S_z - I_{yz}S_y}{I_{yy}I_{zz} - I_{yz}^2}\int_0^s tz\,\mathrm{d}s \tag{5.19}
$$

注意,积分项为从弧长起点至当前弧长处这一段壁面对 z 轴和 y 轴的静矩。若 yz 轴为惯性主轴,$I_{yz}=0$,则

$$
q = -\frac{S_y}{I_{zz}}\int_0^s ty\,\mathrm{d}s - \frac{S_z}{I_{yy}}\int_0^s tz\,\mathrm{d}s \tag{5.20}
$$

例题 5.1　Z 字型截面上的剪流

设 Z 字型截面薄壁梁受到通过剪心的剪力 S_z 的作用,如图 5.6 所示,计算其中的剪流分布。

解：截面形心 C 就在腹板中心。在形心坐标系 Cyz 中计算惯性矩

$$I_{yy} = \frac{h^3 t}{3}, \quad I_{zz} = \frac{h^3 t}{12}, \quad I_{yz} = \frac{h^3 t}{8} \tag{5.21}$$

式(5.18)化为

$$q = \frac{S_z}{h^3} \int_0^s (10.32y - 6.84z) \mathrm{d}s \tag{5.22}$$

这是个典型的开口截面,点 1 和 4 都是开口处,剪流为零。我们选择点 1 为弧长坐标的起点。对于下缘条 12 段,$y = s_1 - h/2$,$z = -h/2$,根据式(5.22),有

$$q_{12} = \frac{S_z}{h^3} \int_0^{s_1} (10.32s_1 - 1.74h) \mathrm{d}s_1 = \frac{S_z}{h^3} (5.16s_1^2 - 1.74hs_1) \tag{5.23}$$

在点 2 处的剪流为

$$q_2 = 0.42 \frac{S_z}{h} \tag{5.24}$$

腹板 23 段,$y = 0$,$z = s_2 - h/2$,则

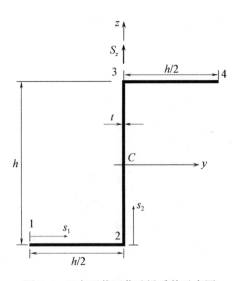

图 5.6　Z 字型截面薄壁梁受剪示意图

$$q_{23} = q_2 + \frac{S_z}{h^3}\int_0^{s_2}(3.42h - 6.84s_2)\mathrm{d}s_2$$

$$= \frac{S_z}{h^3}(0.42h^2 + 3.42hs_2 - 3.42s_2^2)$$

$$(5.25)$$

上缘条 34 段与下缘条 12 段的剪流可根据对称性推断。将整个截面的剪流绘制于图 5.7 中。

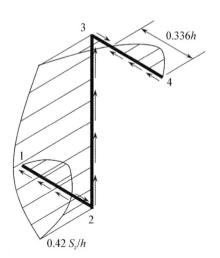

图 5.7　Z 字型截面的剪流

例题 5.2　缺口圆环中的剪流

如图 5.8(a) 所示的缺口圆环截面梁受到通过剪心 S 的剪力 S_z 的作用。圆环半径为 R，壁厚为 t，缺口非常狭窄，请计算剪流。

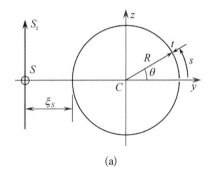
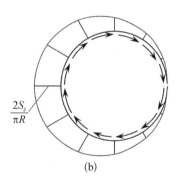

(a) 　　　　　　　　　　(b)

图 5.8　缺口圆环截面及其中的剪流

解： 截面的形心 C 就在圆环的圆心，惯性矩 $I_{yz}=0$，$I_{yy}=I_{zz}=\pi R^3 t$。选取缺口上沿为弧长起点，弧长 s 可用极角 θ 表示

$$s = R\theta \tag{5.26}$$

且有 $z = R\sin\theta$，$S_y = 0$，则由式 (5.20) 得

$$q = -\frac{S_z}{I_{yy}}\int_0^s tz\,\mathrm{d}s = -\frac{S_z}{\pi R^3 t}\int_0^\theta tR\sin\theta R\,\mathrm{d}\theta$$

$$= -\frac{S_z}{\pi R}(1 - \cos\theta) \tag{5.27}$$

剪流为负，说明剪流的实际方向与假设的弧长增加方向相反，这也是符合直觉的。剪流分布如图 5.8(b) 所示。

5.3.2 剪力中心

如前所述,剪心是剪力通过时不使梁产生扭转的点。根据 5.2 节所述的扭心概念,可知剪心和扭心实际上是重合的。

如果截面有对称轴,沿着对称轴作用的剪力肯定不会引起扭转,所以剪心一定在对称轴上。更进一步,如果截面有两条对称轴,则剪心就是二者交点,并与形心重合。

对于十字型、角型、丁字型薄壁截面,所有壁面的交点就是剪心,因为各段壁面上的剪力作用线都经过它。

例题 5.3　槽型梁的剪心

求图 5.9 所示的薄壁槽型截面的剪心位置。因为 y 轴是截面的对称轴,剪心位于其上,计算剪心到腹板的距离 ξ_S 即可。

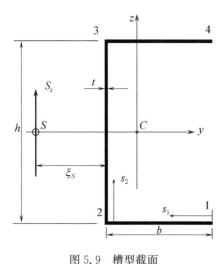

图 5.9　槽型截面

解: 设剪力 S_z 通过剪心 S。由于 y 轴是对称轴,所以 $I_{yz}=0$, $I_{yy}=h^3t/12+bh^2t/2$,式(5.20)为

$$q=-\frac{S_z}{I_{yy}}\int_0^s tz\,\mathrm{d}s=-\frac{12S_z}{h^2(h+6b)}\int_0^s z\,\mathrm{d}s \tag{5.28}$$

在下缘条 12 段,$z=-h/2$,代入上式得

$$q_{12}=\frac{6S_z}{h(h+6b)}s_1 \tag{5.29}$$

截面剪流对 3 点的力矩应等于剪力对 3 点的力矩:

$$S_z\xi_S=\int_0^b q_{12}h\,\mathrm{d}s_1=\frac{6S_z}{h+6b}\int_0^b s_1\,\mathrm{d}s_1=\frac{6S_z}{h+6b}\frac{b^2}{2} \tag{5.30}$$

消去 S_z 得

$$\xi_S=\frac{3b^2}{h+6b} \tag{5.31}$$

例题 5.4　缺口圆环的剪心

计算例题 5.2 中的缺口圆环截面的剪心到圆环最左侧的距离 ξ_S(见图 5.8)。

解: 设有剪力 S_z 通过剪心 S,此时梁中的剪流如式(5.27)所示

$$q = -\frac{S_z}{\pi R}(1 - \cos\theta) \tag{5.27}$$

剪流对圆心的力矩等于剪力对圆心的力矩:

$$S_z(\xi_S + R) = -\int_0^{2\pi} qR(R\,d\theta) = \frac{S_z}{\pi R}R^2\int_0^{2\pi}(1 - \cos\theta)\,d\theta$$

$$= \frac{S_z R}{\pi}2\pi = 2S_z R \tag{5.32}$$

得

$$\xi_S = R \tag{5.33}$$

5.4　闭口薄壁梁的剪切

5.4.1　闭口梁中的剪流

对于闭口梁而言,即使剪力不通过剪心从而产生了扭转,壁面上的剪流所满足的规律与单纯剪切造成的剪流具有完全相同的形式,即式(5.18),这是与开口梁不同之处。开口梁受到扭转时,截面上的剪应力分布与受剪时不同,我们将在第 6 章详细讨论扭转问题。

闭口梁或者梁的闭口部分一般无法找到一个可以迅速确定剪流的位置作为弧长的起点,所以弧长起点可以视个人喜好任意选择。对式(5.18)积分,可得

$$q = -\frac{I_{yy}S_y - I_{yz}S_z}{I_{yy}I_{zz} - I_{yz}^2}\int_0^s ty\,ds - \frac{I_{zz}S_z - I_{yz}S_y}{I_{yy}I_{zz} - I_{yz}^2}\int_0^s tz\,ds + q_0 \tag{5.34}$$

式中,q_0 为弧长起点 $s=0$ 处的剪流值,待求。式(5.34)的前两项称为基础剪流 q_b:

$$q_b = -\frac{I_{yy}S_y - I_{yz}S_z}{I_{yy}I_{zz} - I_{yz}^2}\int_0^s ty\,ds - \frac{I_{zz}S_z - I_{yz}S_y}{I_{yy}I_{zz} - I_{yz}^2}\int_0^s tz\,ds \tag{5.35}$$

显然,基础剪流就是假想在弧长起点处"切"开壁面后形成的开口梁在剪力通过剪心时产生的剪流。

可通过平衡关系求解 q_0,如图 5.10 所示。剪力对任一参考点 O 的力矩等于剪流对点 O 的力矩

$$S_y\eta_0 - S_z\xi_0 = \oint pq\,ds = \oint pq_b\,ds + q_0\oint p\,ds$$

$$= \oint pq_b\,ds + 2Aq_0 \tag{5.36}$$

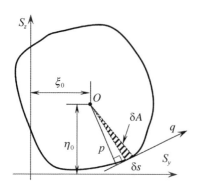

图 5.10 闭口截面的力矩平衡

式中，p 为参考点 O 到弧长微元 δs 的切线的距离，而

$$A = \frac{1}{2}\oint p\,\mathrm{d}s \qquad (5.37)$$

为闭口梁的壁面中线围成的面积。

由式(5.36)可计算 q_0 的值。如果计算力矩的参考点 O 恰好是两个剪力分量 S_y 和 S_z 的交点，则力矩为零，式(5.36)转化为

$$q_0 = -\frac{1}{2A}\oint p q_\mathrm{b}\,\mathrm{d}s \qquad (5.38)$$

注意，式(5.38)以及 q_b、q_0 的计算并不要求剪力通过剪心。

例题 5.5

计算图 5.11 所示的闭口薄壁梁中的剪流。厚度 t 为常数。

解： 截面关于 y 轴对称，$S_y = 0$，$I_{yz} = 0$，所以

$$q = -\frac{S_z}{I_{yy}}\int_0^s tz\,\mathrm{d}s + q_0 \qquad (5.39)$$

先计算惯性矩 $I_{yy} = \pi R^3 t/2 + 2 \times 2Rt \times R^2 + t(2R)^3/12 = 6.24R^3 t$。

选择圆弧中点 1 作为弧长起点。12 段基础剪流为

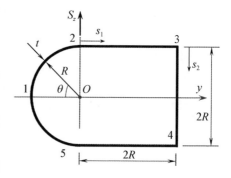

图 5.11 闭截面受剪

$$q_{\mathrm{b},12} = -\frac{S_z}{I_{yy}}\int_0^\theta tR\sin\theta R\,\mathrm{d}\theta = 0.16\frac{S_z}{R}(\cos\theta - 1) \qquad (5.40)$$

点 2 处基础剪流为

$$q_{\mathrm{b},2} = 0.16\frac{S_z}{R}(\cos\theta - 1)\Big|_{\theta=\pi/2} = -0.16\frac{S_z}{R} \qquad (5.41)$$

23 段基础剪流

$$q_{b,23} = -\frac{S_z}{I_{yy}} \int_0^{s_1} tR \mathrm{d}s_1 + q_{b,2} = -0.16 \frac{S_z}{R^2}(s_1 + R) \tag{5.42}$$

点 3 处 $s_1 = 2R$，基础剪流为

$$q_{b,3} = -0.16 \frac{S_z}{R^2}(2R + R) = -0.48 \frac{S_z}{R} \tag{5.43}$$

34 段基础剪流

$$
\begin{aligned}
q_{b,34} &= -\frac{S_z}{I_{yy}} \int_0^{s_2} tz \mathrm{d}s_2 + q_{b,3} \\
&= -0.16 \frac{S_z}{R^3} \int_0^{s_2} (R - s_2) \mathrm{d}s_2 - 0.48 \frac{S_z}{R} \\
&= -0.16 \frac{S_z}{R^3}(Rs_2 - 0.5s_2^2 + 3R^2)
\end{aligned}
\tag{5.44}
$$

45 段、51 段剪流和 23 段、12 段对称。

对点 O 求力矩，则有

$$0 = 2\left(\int_0^{\pi/2} q_{b,12} R^2 \mathrm{d}\theta + \int_0^{2R} q_{b,23} R \mathrm{d}s_1 + \int_0^R q_{b,34} 2R \mathrm{d}s_2\right) + 2\left(\frac{\pi R^2}{2} + 4R^2\right) q_0 \tag{5.45}$$

解之得

$$q_0 = 0.32 \frac{S_z}{R} \tag{5.46}$$

将 q_0 加上各段的基础剪流可得各段的实际剪流

$$q_{12} = 0.16 \frac{S_z}{R}(\cos\theta + 1) \tag{5.47}$$

$$q_{23} = 0.16 \frac{S_z}{R^2}(R - s_1) \tag{5.48}$$

$$q_{34} = 0.16 \frac{S_z}{R^3}(0.5s_2^2 - Rs_2 - R^2) \tag{5.49}$$

如图 5.12 所示绘制剪流。

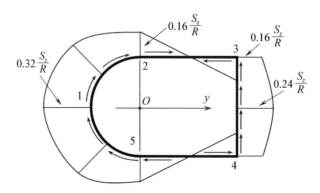

图 5.12 闭口薄壁截面的剪流

例题 5.6

如图 5.13 所示的闭口扇形截面的厚度为常数 t,半径为 R,该梁受到过圆弧中点 O 并与圆弧相切的剪力 S_z 的作用,计算截面上剪流的分布。

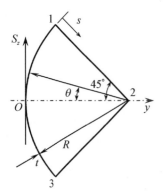

图 5.13 闭口扇形薄壁截面

解: 由于 y 轴是截面的对称轴,故 $I_{yz}=0$,而

$$I_{yy}=\frac{(2R)^3 t \sin^2 45°}{12}+2\int_0^{\pi/4} t(R\sin\theta)^2 R\,d\theta$$

$$=0.62R^3 t \tag{5.50}$$

由于 $S_y=0$,所以

$$q=-\frac{S_z}{I_{yy}}\int_0^s tz\,ds+q_0 \tag{5.51}$$

$O1$ 段基础剪流

$$q_{b,O1}=-\frac{S_z}{I_{yy}}\int_0^\theta tR\sin\theta R\,d\theta=\frac{S_z}{0.62R^3 t}R^2 t(\cos\theta-1)$$

$$\tag{5.52}$$

$$=-1.61\frac{S_z}{R}(1-\cos\theta)$$

在点 1 处

$$q_{b,O1}=-1.61\frac{S_z}{R}\left(1-\cos\frac{\pi}{4}\right)=-0.47\frac{S_z}{R} \tag{5.53}$$

12 段基础剪流

$$q_{b,12} = -\frac{S_z}{0.62R^3 t}\int_0^s t(R-s)\sin\frac{\pi}{4}\mathrm{d}s - 0.47\frac{S_z}{R}$$

$$= \frac{S_z}{R^3}(0.57s^2 - 1.14Rs - 0.47R^2) \tag{5.54}$$

对圆弧的圆心即点 2 求力矩平衡如下：

$$S_z R = 2\int_0^{\pi/4} q_{b,O1}R^2\mathrm{d}\theta + 2\frac{\pi R^2}{4}q_0$$

$$= 2R^2\int_0^{\pi/4} 1.61\frac{S_z}{R}(\cos\theta - 1)\mathrm{d}\theta + \frac{\pi R^2}{2}q_0$$

$$= 3.22 S_z R(\sin\theta - \theta)\Big|_0^{\pi/4} + \frac{\pi R^2}{2}q_0 \tag{5.55}$$

$$= 3.22 S_z R(0.71 - 0.79)\Big|_0^{\pi/4} + \frac{\pi R^2}{2}q_0$$

解得

$$q_0 = \frac{0.80 S_z}{R} \tag{5.56}$$

于是可得各段的剪流

$$q_{O1} = \frac{S_z}{R}(1.61\cos\theta - 0.80) \tag{5.57}$$

$$q_{12} = \frac{S_z}{R^3}(0.57s^2 - 1.14Rs + 0.33R^2) \tag{5.58}$$

截面下半部分的剪流与上半部分对称。

5.4.2　受剪闭口薄壁梁的扭转与翘曲

如前所述，如果剪力不通过剪心，梁可能会发生扭转。扭转相关内容将在本书第 6 章中详细讲授。但是对于闭口薄壁梁，剪切和扭转实为两种不可分割的载荷形式，它们都将在壁面中造成剪流，且剪流所满足的公式也一样，因此在本章予以叙述。

将剪流 q、剪应力 τ、剪应变 γ 之间的关系联立，可得

$$q = G\gamma t = Gt\left(\frac{\partial u}{\partial s} + \frac{\partial v_t}{\partial x}\right) \tag{5.59}$$

在 5.2 节中，我们基于刚周边假设推导了薄壁梁中的切向位移 v_t 所满足的规律如式(5.9)：

$$v_t = v\cos\psi + w\sin\psi + p\theta \tag{5.9}$$

将式(5.59)和式(5.9)联立，得

$$\frac{q}{Gt} = \frac{\partial u}{\partial s} + p\frac{\mathrm{d}\theta}{\mathrm{d}x} + \frac{\mathrm{d}v}{\mathrm{d}x}\cos\psi + \frac{\mathrm{d}w}{\mathrm{d}x}\sin\psi \tag{5.60}$$

从弧长坐标起点处积分至弧长 s，得

$$\begin{aligned}
\int_0^s \frac{q}{Gt}\mathrm{d}s &= \int_0^s \frac{\partial u}{\partial s}\mathrm{d}s + \frac{\mathrm{d}\theta}{\mathrm{d}x}\int_0^s p\,\mathrm{d}s + \frac{\mathrm{d}v}{\mathrm{d}x}\int_0^s \cos\psi\mathrm{d}s + \frac{\mathrm{d}w}{\mathrm{d}x}\int_0^s \sin\psi\mathrm{d}s \\
&= u_s - u_0 + \frac{\mathrm{d}\theta}{\mathrm{d}x}\int_0^s p\,\mathrm{d}s + \frac{\mathrm{d}v}{\mathrm{d}x}\int_0^s \mathrm{d}x + \frac{\mathrm{d}w}{\mathrm{d}x}\int_0^s \mathrm{d}y \\
&= u_s - u_0 + 2A_{Os}\frac{\mathrm{d}\theta}{\mathrm{d}x} + \frac{\mathrm{d}v}{\mathrm{d}x}(x_s - x_0) + \frac{\mathrm{d}w}{\mathrm{d}x}(y_s - y_0)
\end{aligned} \tag{5.61}$$

式中，A_{Os} 为以点 O 为中心指向壁面的向径从弧长起点到弧长 s 处扫过的面积，称为扇性面积或扇性坐标。

对于闭口薄壁梁，沿封闭的壁面对式(5.61)做环路积分，注意到终点与起点重合，因此有

$$\oint \frac{q}{Gt}\mathrm{d}s = 2A\frac{\mathrm{d}\theta}{\mathrm{d}x} \tag{5.62}$$

或表达为

$$\frac{\mathrm{d}\theta}{\mathrm{d}x} = \frac{1}{2A}\oint \frac{q}{Gt}\mathrm{d}s \tag{5.63}$$

式(5.63)在弹性力学中称为**剪应力环量定理**。它指明了梁的扭率和截面上剪流沿着闭合路径的环路积分之间所满足的关系，A 为闭合路径所包围的面积。

将式(5.63)代回式(5.61)，并结合式(5.15)得

$$u_s - u_0 = \int_0^s \frac{q}{Gt}\mathrm{d}s - \frac{A_{Os}}{A}\oint \frac{q}{Gt}\mathrm{d}s - y_R\frac{\mathrm{d}\theta}{\mathrm{d}x}(x_s - x_0) + x_R\frac{\mathrm{d}\theta}{\mathrm{d}x}(y_s - y_0) \tag{5.64}$$

为任意一点相对于弧长起始位置的翘曲位移。如果参考点 O 恰好是扭心 R，则

$x_R = y_R = 0$，因此

$$u_s - u_0 = \int_0^s \frac{q}{Gt}\mathrm{d}s - \frac{A_{0s}}{A}\oint \frac{q}{Gt}\mathrm{d}s \tag{5.65}$$

第 6 章中我们将详细讨论扭矩作用下的薄壁梁中翘曲位移的计算。

5.4.3　闭口梁的剪心

当剪力通过剪力中心时，梁不产生扭转，用数学语言叙述就是扭率为零，即 $\dfrac{\mathrm{d}\theta}{\mathrm{d}x} = 0$。则此时

$$\frac{\mathrm{d}\theta}{\mathrm{d}x} = \frac{1}{2A}\oint \frac{q}{Gt}ds = 0 \tag{5.66}$$

将 $q = q_\mathrm{b} + q_0$ 代入式(5.66)，可得

$$q_0 = -\frac{\oint \dfrac{q_\mathrm{b}}{Gt}ds}{\oint \dfrac{1}{Gt}ds} \tag{5.67}$$

若剪切模量 G 和厚度 t 为常数，则式(5.67)退化为

$$q_0 = -\frac{\oint q_\mathrm{b}ds}{\oint ds} \tag{5.68}$$

如果我们要求某闭口薄壁梁的剪心位置，可假设剪力通过剪心，用式(5.34)计算剪流，再用式(5.66)确定 q_0，最终用力矩平衡来计算剪心的位置。

需要强调的是，对于开口薄壁梁来说，只有当剪力通过剪心时，我们才可以用式(5.19)计算剪流，而且我们确知在开口处 $q_0 = 0$，因此直接用力矩平衡就可以计算剪心位置。

例题 5.7　飞镖形闭口薄壁截面的剪心

如图 5.14 所示的闭口薄壁截面上，各

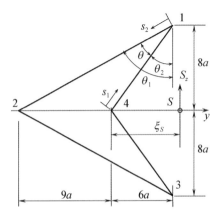

图 5.14　飞镖形闭口薄壁截面

段壁面的厚度 t、剪切模量 G 都是均匀的,整个截面关于水平轴对称。请计算截面的剪心 S 到点 4 的距离 ξ_S。

解: 截面关于水平轴对称,所以剪心 S 必落于水平轴之上,有 $I_{yz}=0$,我们只需要假设 S_z 通过剪心作用即可求解 ξ_S。 式(5.34)简化为

$$q = -\frac{S_z}{I_{yy}}\int_0^s tz\,\mathrm{d}s + q_0 \tag{5.69}$$

注意到斜边 12 和斜边 14 分别是勾、股、弦等于 8、15、17 和 6、8、10 的直角三角形的斜边。先计算惯性矩

$$I_{yy} = 2\left[\int_0^{10a}\left(\frac{8}{10}s_1\right)^2 t\,\mathrm{d}s_1 + \int_0^{17a}\left(\frac{8}{17}s_2\right)^2 t\,\mathrm{d}s_2\right] = 1\,152a^3t \tag{5.70}$$

选择点 4 为弧长起点。壁面 41 段上的基础剪流为

$$q_{\mathrm{b},41} = -\frac{S_z}{I_{yy}}\int_0^{s_1} t\left(\frac{8}{10}s_1\right)\mathrm{d}s_1 = -\frac{S_z}{1\,152a^3}\left(\frac{2}{5}s_1^2\right) \tag{5.71}$$

壁面 12 段上的基础剪流为

$$
\begin{aligned}
q_{\mathrm{b},12} &= -\frac{S_z}{I_{yy}}\int_0^{s_2} t(17a-s_2)\frac{8}{17}\mathrm{d}s_2 + q_{\mathrm{b},41} \\
&= -\frac{S_z}{1\,152a^3}\left[\int_0^{s_2}(17a-s_2)\frac{8}{17}\mathrm{d}s_2 + 40a^2\right] \\
&= -\frac{S_z}{1\,152a^3}\left(-\frac{4}{17}s_2^2 + 8as_2 + 40a^2\right)
\end{aligned}
\tag{5.72}
$$

23、34 段的基础剪流可由对称性获得。由式(5.68)可得

$$
\begin{aligned}
q_0 &= -\frac{\oint q_{\mathrm{b}}\mathrm{d}s}{\oint \mathrm{d}s} \\
&= -\frac{1}{54a}\frac{-2S_z}{1\,152a^3}\left[\int_0^{10a}\left(\frac{2}{5}s_1^2\right)\mathrm{d}s_1 + \int_0^{17a}\left(-\frac{4}{17}s_2^2 + 8as_2 + 40a^2\right)\mathrm{d}s_2\right] \\
&= \frac{S_z}{1\,152a^3}(58.7a^2)
\end{aligned}
$$

$$\tag{5.73}$$

剪流对点 2 的力矩与剪力对点 2 的力矩应相等,注意到壁面 12 穿过点 2,因此只需要计算 q_{41} 对点 2 的力矩:

$$S_z(9a + \xi_S) = 2\int_0^{10a} (q_{b,41} + q_0)(17a\sin\theta)\mathrm{d}s_1 \tag{5.74}$$

角度 $\theta = \theta_1 - \theta_2$,且 $\sin\theta_1 = 15/17, \cos\theta_1 = 8/17, \sin\theta_2 = 3/5, \cos\theta_2 = 4/5$,则

$$\begin{aligned}
\sin\theta &= \sin(\theta_1 - \theta_2) = \sin\theta_1\cos\theta_2 - \sin\theta_2\cos\theta_1 \\
&= \frac{15}{17} \times \frac{4}{5} - \frac{8}{17} \times \frac{3}{5} = \frac{36}{85}
\end{aligned} \tag{5.75}$$

将相关各式代入式(5.74),得

$$\begin{aligned}
S_z(9a + \xi_S) &= 2\frac{S_z}{1\,152a^3}\int_0^{10a}\left(-\frac{2}{5}s_1^2 + 58.7a^2\right)\left(17a\frac{36}{85}\right)\mathrm{d}s_1 \\
&= \frac{34aS_z}{1\,152a^3}\frac{36}{85}\left(-\frac{2}{5}\frac{1\,000a^3}{3} + 58.7a^2 \times 10a\right) \\
&= 5.67aS_z
\end{aligned} \tag{5.76}$$

进一步计算得

$$\xi_S = -3.33a \tag{5.77}$$

式(5.77)表明剪心 S 实际上在点 4 左侧,截面壁面所包围的区域内部。

5.5　本章习题

习题 5.1

请计算图 5.15 所示的狭长矩形截面在剪力 S_z 作用下产生的剪流和剪应力,截面宽度为 b,高度为 h。

习题 5.2

图 5.16 所示为一个单对称的薄壁开口梁,其厚度 t 为常数,在左侧尖角 1、5 之间有一极狭窄的缝。设剪力 S_z 作用于竖直方向并通过剪心。

(1) 计算剪流的分布并绘制图形予以展示;

(2) 证明剪心与截面鼻尖处的距离为 $\xi_S = l/2(1 + a/b)$。

习题 5.3

计算图 5.17 所示薄壁截面的剪心位置。

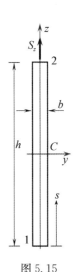

图 5.15

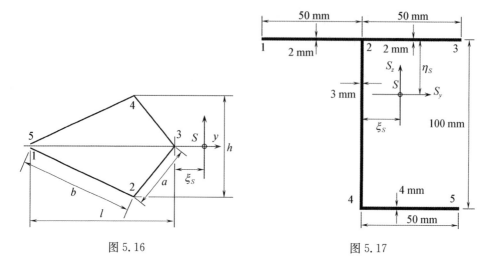

图 5.16   图 5.17

习题 5.4

仍考虑例题 5.6 中的截面,如图 5.13 所示,求解其剪心的位置。

习题 5.5

如图 5.18 所示的正六边形薄壁截面边长为 a,厚度为 t。该梁受到沿着一条竖直边向下的横剪力 S 的作用。请计算剪流的分布。

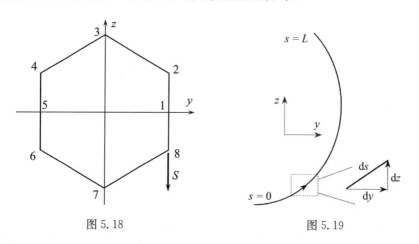

图 5.18   图 5.19

习题 5.6

试证明:由作用线经过剪心的剪力 S_x 和 S_y 在开口薄壁梁中造成的剪流 q 在 y 和 z 两个方向的合力 F_x 和 F_y 分别等于总剪力 S_x 和 S_y。剪流的计算公式为式(5.19)。为简单起见,假设壁面中线为一条无分叉的连续曲线,如图 5.19 所示。

第6章 薄壁梁的扭转

6.1 单闭室闭口薄壁梁的自由扭转

6.1.1 剪流与剪应力

对于闭口薄壁梁而言,扭转与剪切是密不可分的,因为二者都会在壁面中造成剪流,而且所满足的规律一致。本节讨论受到纯扭转作用的单闭室闭口薄壁梁,如图6.1所示。

在5.1节,我们已经推出了薄壁梁中的平衡微分方程式(5.4)和式(5.5):

$$t\frac{\partial \sigma_x}{\partial x} + \frac{\partial q}{\partial s} = 0 \qquad (5.4)$$

$$t\frac{\partial \sigma_s}{\partial s} + \frac{\partial q}{\partial x} = 0 \qquad (5.5)$$

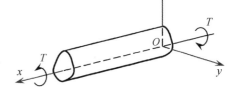

图6.1 闭口薄壁梁自由扭转示意图

梁中没有弯矩的作用,则正应力$\sigma_x = 0$;没有内外压差,则切向应力$\sigma_s = 0$,因此式(5.4)和式(5.5)退化为

$$\frac{\partial q}{\partial x} = \frac{\partial q}{\partial s} = 0 \qquad (6.1)$$

式(6.1)说明,对于只受到扭矩作用的单闭室闭口薄壁梁,壁面中的剪流导数为零,因此为常数。

请思考:如果是多闭室闭口薄壁梁,扭矩引发的剪流还是常数吗?

如图6.2所示,剪流的总力矩等于截面的扭矩

$$T = \oint pq\,\mathrm{d}s = q\oint p\,\mathrm{d}s = 2Aq \qquad (6.2)$$

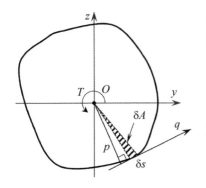

图 6.2　单闭室薄壁梁的力矩
平衡示意图

式中，A 为壁面所包围的面积。可见扭矩在单闭室薄壁梁中引起的剪流为

$$q = \frac{T}{2A} \qquad (6.3)$$

剪应力为

$$\tau = \frac{q}{t} = \frac{T}{2At} \qquad (6.4)$$

若厚度不是常数，则剪应力也不是常数。

6.1.2　变形分析：扭率、扭转角、挠度

在 5.4.2 节中已分析过薄壁梁中的扭率与翘曲位移，本节继续分析。将式 (6.3) 代入式 (5.63)，得扭率

$$\frac{\mathrm{d}\theta}{\mathrm{d}x} = \frac{T}{4A^2} \oint \frac{1}{Gt} \mathrm{d}s \qquad (6.5)$$

根据抗扭刚度 GJ 的定义

$$\frac{\mathrm{d}\theta}{\mathrm{d}x} = \frac{T}{GJ} \qquad (6.6)$$

有

$$GJ = \frac{4A^2}{\oint \dfrac{\mathrm{d}s}{Gt}} \qquad (6.7)$$

考虑一种特殊情形，扭矩 T 沿轴向为常数。注意到式 (5.59)

$$q = Gt\left(\frac{\partial u}{\partial s} + \frac{\partial v_t}{\partial x} \right) \qquad (5.59)$$

以及在自由扭转下剪流为常数这一结果，因此有

$$\frac{\partial q}{\partial x} = Gt\left(\frac{\partial^2 u}{\partial x \partial s} + \frac{\partial^2 v_t}{\partial x^2} \right) = 0 \qquad (6.8)$$

自由扭转的梁中无轴力、无弯矩，因此

$$\varepsilon_x = \frac{\partial u}{\partial x} = 0 \tag{6.9}$$

将其代入式(6.8)得

$$\frac{\partial^2 v_t}{\partial x^2} = 0 \tag{6.10}$$

在 5.2 节中已基于刚周边假设推出了切向位移所满足的规律如式(5.9)：

$$v_t = v\cos\psi + w\sin\psi + p\theta \tag{5.9}$$

式(6.10)和式(5.9)联立,可得

$$p\frac{\mathrm{d}^2\theta}{\mathrm{d}x^2} + \frac{\mathrm{d}^2 v}{\mathrm{d}x^2}\cos\psi + \frac{\mathrm{d}^2 w}{\mathrm{d}x^2}\sin\psi = 0 \tag{6.11}$$

式(6.11)对于整个壁面上各点都成立,因此有

$$\frac{\mathrm{d}^2\theta}{\mathrm{d}x^2} = 0, \quad \frac{\mathrm{d}^2 v}{\mathrm{d}x^2} = 0, \quad \frac{\mathrm{d}^2 w}{\mathrm{d}x^2} = 0 \tag{6.12}$$

因此扭转角 θ 和挠度 v、w 都是轴向坐标 x 的线性函数,即

$$\theta = A_1 x + B_1, \quad v = A_2 x + B_2, \quad w = A_3 x + B_3 \tag{6.13}$$

6.1.3　变形分析:翘曲位移

5.4.2 节给出了翘曲位移的计算公式

$$u_s - u_0 = \int_0^s \frac{q}{Gt}\mathrm{d}s - \frac{A_{Os}}{A}\oint\frac{q}{Gt}\mathrm{d}s - y_R\frac{\mathrm{d}\theta}{\mathrm{d}x}(x_s - x_0) + x_R\frac{\mathrm{d}\theta}{\mathrm{d}x}(y_s - y_0)$$

$$\tag{5.64}$$

如果参考点 O 恰好是扭心 R,则 $x_R = y_R = 0$, 因此

$$u_s - u_0 = \int_0^s \frac{q}{Gt}\mathrm{d}s - \frac{A_{Os}}{A}\oint\frac{q}{Gt}\mathrm{d}s \tag{5.65}$$

记

$$\delta = \oint\frac{\mathrm{d}s}{Gt}, \quad \delta_{Os} = \int_0^s\frac{\mathrm{d}s}{Gt}, \text{且注意到 } A_{Os} = \frac{1}{2}\int_0^s p\,\mathrm{d}s \tag{6.14}$$

则式(5.65)转变为

$$u_s - u_0 = \frac{T\delta}{2A}\left(\frac{\delta_{Os}}{\delta} - \frac{A_{Os}}{A}\right) \tag{6.15}$$

式(6.15)的括号中为无量纲量,形式较为规整。

对于纯扭转下的薄壁梁,如果截面有对称轴,则对称轴与壁面的交点处翘曲位移为零(请思考为什么),通常选择此处为弧长起点。如果截面没有对称轴,则弧长起点可任意选取,此时 u_0 需要求解。参考闭口梁的约束扭转,假设端部约束在梁中引发的正应力正比于自由扭转时的翘曲位移 u_s,即

$$\sigma = Cu_s \tag{6.16}$$

但是自由扭转实际上并未附加额外的轴力,因此

$$N = \oint \sigma t \, \mathrm{d}s = C\oint u_s t \, \mathrm{d}s = 0 \tag{6.17}$$

即

$$\oint u_s t \, \mathrm{d}s = 0 \tag{6.18}$$

将式(5.64)代入式(6.18),得

$$\oint (u_s - u_0) t \, \mathrm{d}s + \oint u_0 t \, \mathrm{d}s = 0 \tag{6.19}$$

即

$$u_0 = -\frac{\oint (u_s - u_0) t \, \mathrm{d}s}{\oint t \, \mathrm{d}s} \tag{6.20}$$

式(6.20)说明,在选择一处作为弧长起点后,可以用式(5.64)或式(5.65)计算 $u_s - u_0$,再依式(6.20)获得 u_0。

例题 6.1

一薄壁圆截面梁(即薄壁管)的直径为 200 mm,长度为 2 m,两端的转动被约束。梁的中间截面上作用有集中扭矩 30 kN·m。若材料的许用剪应力为 200 MPa,梁允许的最大转角为 2°,请计算梁的最小壁厚。取剪切模量 $G = 25$ GPa。

解:梁中的扭矩为 30/2 = 15 kN·m,根据剪应力的算式

$$\tau = \frac{q}{t} = \frac{T}{2At} = \frac{15 \times 10^6}{2 \times \pi \times 100^2 t} \leqslant 200 \tag{6.21}$$

得

$$t_{min} = \frac{15 \times 10^6}{2 \times \pi \times 100^2 \times 200} = 1.19 \text{ mm} \tag{6.22}$$

根据扭率的算式

$$\frac{d\theta}{dx} = \frac{T}{4A^2} \oint \frac{1}{Gt} ds = \frac{T}{4(\pi d^2/4)^2} \frac{\pi d}{Gt} = \frac{4T}{\pi d^3 Gt} \tag{6.23}$$

得

$$t_{min} = \frac{4T}{\pi d^3 G \dfrac{d\theta}{dx}} = \frac{4 \times 15 \times 10^6}{\pi \times 200^3 \times 25\,000 \times \dfrac{2\pi}{180 \times 1\,000}} = 2.74 \text{ mm} \tag{6.24}$$

取两个值中较大者,因此 $t_{min} = 2.74 \text{ mm}$。

例题 6.2

一根矩形闭合截面薄壁悬臂梁具有如图 6.3 所示的尺寸。上下壁板的剪切模量为 18 GPa,左右竖直腹板的剪切模量为 26 GPa。梁受到沿轴向均匀分布的外扭矩 20 N·m/mm。忽略轴向约束。请计算由扭转引起的最大剪应力以及梁截面扭转角沿轴向的分布 $\theta(x)$。

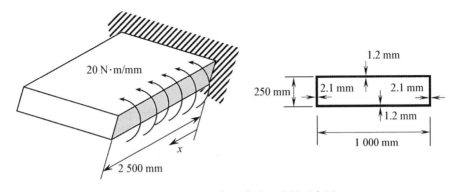

图 6.3　矩形闭口截面薄壁悬臂梁示意图

解: 壁面围成的面积

$$A = 1\,000 \times 250 = 25 \times 10^4 \text{ mm}^2 \tag{6.25}$$

最大弯矩发生在根部，$T_{max}=20\times 2\,500=5\times 10^4$ N·m。

由于剪流是常数，最大剪应力应发生在壁面最薄处，因此

$$\tau_{max}=\frac{T_{max}}{2At_{min}}=\frac{5\times 10^4\times 1\,000}{2\times 25\times 10^4\times 1.2}=83.33\ \text{MPa} \tag{6.26}$$

轴向坐标 x 处的扭矩为

$$T=20(2\,500-x) \tag{6.27}$$

由式(6.5)可得

$$\frac{\mathrm{d}\theta}{\mathrm{d}x}=\frac{T}{4A^2}\oint\frac{1}{Gt}\mathrm{d}s$$

$$=\frac{20(2\,500-x)\times 10^3}{4\times(25\times 10^4)^2}\left(\frac{1\,000\times 2}{18\,000\times 1.2}+\frac{250\times 2}{26\,000\times 2.1}\right) \tag{6.28}$$

$$=8.14\times 10^{-9}(2\,500-x)$$

积分得

$$\theta=8.14\times 10^{-9}(2\,500x-x^2/2)+C \tag{6.29}$$

利用边界条件 $\theta(0)=0$ 可得 $C=0$，因此

$$\theta=8.14\times 10^{-9}(2\,500x-x^2/2) \tag{6.30}$$

式中，x 单位为 mm，扭转角 θ 单位为 rad。

例题 6.3

图 6.4 所示为具有双对称轴的矩形闭口薄壁截面，当该梁受到扭矩 T 作用时，求解截面上的翘曲位移分布。设剪切模量 G 是常数。

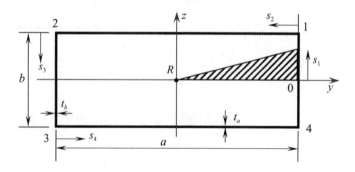

图 6.4　矩形闭口薄壁截面示意图

解: 本题的梁截面有两个对称轴, 它们的交点既是形心又是剪心、扭心, 因此选择扭心 R 作为坐标原点, 就可用式 (6.15) 计算翘曲位移的分布。对称轴与壁面的交点处翘曲位移为零, 因此选择点 0 作为弧长坐标的起点, 则 $u_0 = 0$。先计算需要的常数

$$\delta = \oint \frac{\mathrm{d}s}{Gt} = \frac{2}{G}\left(\frac{a}{t_a} + \frac{b}{t_b}\right), \quad A = ab \tag{6.31}$$

在右侧边 01 段,

$$\delta_{Os} = \int_0^{s_1} \frac{\mathrm{d}s}{Gt} = \frac{s_1}{Gt_b}, \quad A_{Os} = \frac{1}{2}\frac{a}{2}s_1 = \frac{as_1}{4} \tag{6.32}$$

代入式 (6.15) 得

$$u_s = \frac{T\delta}{2A}\left(\frac{\delta_{Os}}{\delta} - \frac{A_{Os}}{A}\right) = \frac{T}{2ab}\frac{2}{G}\left(\frac{a}{t_a} + \frac{b}{t_b}\right)\left[\frac{\dfrac{s_1}{Gt_b}}{\dfrac{2}{G}\left(\dfrac{a}{t_a} + \dfrac{b}{t_b}\right)} - \frac{\dfrac{as_1}{4}}{ab}\right]$$

$$= \frac{T}{abG}\left(\frac{a}{t_a} + \frac{b}{t_b}\right)\left[\frac{s_1}{2t_b\left(\dfrac{a}{t_a} + \dfrac{b}{t_b}\right)} - \frac{s_1}{4b}\right] \tag{6.33}$$

显然在 01 段的翘曲位移随弧长 s_1 呈线性分布, 因此在点 1 处

$$u_1 = \frac{T}{abG}\left(\frac{a}{t_a} + \frac{b}{t_b}\right)\left[\frac{b}{4t_b\left(\dfrac{a}{t_a} + \dfrac{b}{t_b}\right)} - \frac{1}{8}\right]$$

$$= \frac{T}{abG}\left[\frac{b}{4t_b} - \frac{1}{8}\left(\frac{a}{t_a} + \frac{b}{t_b}\right)\right] = \frac{T}{8abG}\left(\frac{b}{t_b} - \frac{a}{t_a}\right) \tag{6.34}$$

根据截面的对称性, 可知

$$u_1 = -u_2 = u_3 = -u_4 \tag{6.35}$$

翘曲位移的分布如图 6.5 所示。

观察式 (6.34) 可知, 角点处的翘曲位移取决于两对壁板宽厚比的相对大小, 如果恰好满足

$$\frac{b}{t_b} = \frac{a}{t_a} \tag{6.36}$$

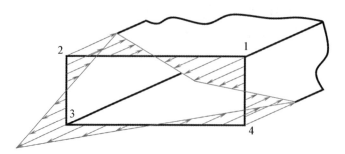

图 6.5　矩形薄壁截面翘曲位移分布示意图

则截面不发生翘曲。

　　如果未能意识到对称轴与壁面的交点处翘曲位移为零,那么该如何求解翘曲位移呢? 如图 6.6 所示,假设选择角点 1 为弧长起点,此时 u_0 不能默认为零。

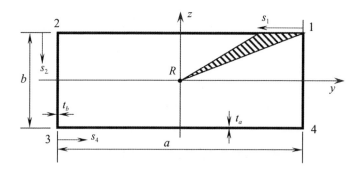

图 6.6　矩形闭口薄壁截面以角点为弧长起点

仍然按式(6.15)计算,记 $u' = u_s - u_0$。 在 12 段

$$\delta_{Os} = \int_0^{s_1} \frac{\mathrm{d}s}{Gt} = \frac{s_1}{Gt_a}, \quad A_{Os} = \frac{1}{2}\frac{b}{2}s_1 = \frac{bs_1}{4} \tag{6.37}$$

则

$$u'_{12} = \frac{T\delta}{2A}\left(\frac{\delta_{Os}}{\delta} - \frac{A_{Os}}{A}\right) = \frac{T}{2ab}\frac{2}{G}\left(\frac{a}{t_a} + \frac{b}{t_b}\right)\left[\frac{\dfrac{s_1}{Gt_a}}{\dfrac{2}{G}\left(\dfrac{a}{t_a} + \dfrac{b}{t_b}\right)} - \frac{\dfrac{bs_1}{4}}{ab}\right] \tag{6.38}$$

$$= \frac{T}{abG}\left[\frac{s_1}{2t_a} - \frac{s_1}{4a}\left(\frac{a}{t_a} + \frac{b}{t_b}\right)\right] = \frac{T}{abG}\left(\frac{a}{t_a} - \frac{b}{t_b}\right)\frac{s_1}{4a}$$

在点 2 处

$$u'_2 = \frac{T}{4abG}\left(\frac{a}{t_a} - \frac{b}{t_b}\right) \tag{6.39}$$

在 23 段

$$\delta_{Os} = \delta_2 + \int_0^{s_2} \frac{\mathrm{d}s_2}{Gt} = \frac{a}{Gt_a} + \frac{s_2}{Gt_b}, \quad A_{Os} = \frac{ab}{4} + \frac{as_2}{4} \tag{6.40}$$

$$
\begin{aligned}
u'_{23} &= \frac{T}{2ab}\frac{2}{G}\left(\frac{a}{t_a} + \frac{b}{t_b}\right)\left[\frac{\dfrac{a}{Gt_a} + \dfrac{s_2}{Gt_b}}{\dfrac{2}{G}\left(\dfrac{a}{t_a} + \dfrac{b}{t_b}\right)} - \frac{\dfrac{ab}{4} + \dfrac{as_2}{4}}{ab}\right] \\
&= \frac{T}{4abG}\left(\frac{a}{t_a} - \frac{b}{t_b}\right) + \frac{T}{abG}\left[\frac{s_2}{2t_b} - \frac{s_2}{4b}\left(\frac{a}{t_a} + \frac{b}{t_b}\right)\right] \\
&= \frac{T}{4abG}\left(\frac{a}{t_a} - \frac{b}{t_b}\right) + \frac{T}{abG}\left(\frac{b}{t_b} - \frac{a}{t_a}\right)\frac{s_2}{4b}
\end{aligned}
\tag{6.41}
$$

在点 3 处

$$u'_3 = 0 \tag{6.42}$$

34 段和 41 段的 u' 可由对称性获知。根据式(6.20),可计算

$$
\begin{aligned}
u_0 &= -\frac{\oint u't\,\mathrm{d}s}{\oint t\,\mathrm{d}s} = -\frac{2}{2(at_a + bt_b)}\left(\int_0^a u'_{12}t_a\,\mathrm{d}s_1 + \int_0^b u'_{23}t_b\,\mathrm{d}s_2\right) \\
&= -\frac{1}{at_a + bt_b}\left[\frac{T}{abG}\left(\frac{a}{t_a} - \frac{b}{t_b}\right)\frac{t_a}{4a}\int_0^a s_1\,\mathrm{d}s_1 + \right.\\
&\qquad \left. \frac{T}{4abG}\left(\frac{a}{t_a} - \frac{b}{t_b}\right)t_b b + \frac{T}{abG}\left(\frac{b}{t_b} - \frac{a}{t_a}\right)\frac{t_b}{4b}\int_0^b s_2\,\mathrm{d}s_2\right] \\
&= -\frac{1}{at_a + bt_b}\left[\frac{T}{abG}\left(\frac{a}{t_a} - \frac{b}{t_b}\right)\frac{t_a}{4a}\frac{a^2}{2} + \right.\\
&\qquad \left. \frac{T}{abG}\left(\frac{a}{t_a} - \frac{b}{t_b}\right)\frac{t_b b}{4} + \frac{T}{abG}\left(\frac{b}{t_b} - \frac{a}{t_a}\right)\frac{t_b}{4b}\frac{b^2}{2}\right] \\
&= -\frac{1}{at_a + bt_b}\frac{T}{abG}\left(\frac{a}{t_a} - \frac{b}{t_b}\right)\left(\frac{at_a}{8} + \frac{bt_b}{4} - \frac{bt_b}{8}\right)
\end{aligned}
$$

$$= -\frac{1}{at_a+bt_b}\frac{T}{abG}\left(\frac{a}{t_a}-\frac{b}{t_b}\right)\frac{at_a+bt_b}{8}$$

$$= -\frac{T}{8abG}\left(\frac{a}{t_a}-\frac{b}{t_b}\right) \tag{6.43}$$

结果与式(6.34)完全一致。

6.1.4 闭口薄壁梁扭转无翘曲条件

在例题 6.3 中,注意到当梁截面满足式(6.36)时,截面上各点均无翘曲。那么闭口薄壁梁在纯扭转下无翘曲需要满足什么条件呢?

为简便计,我们只考虑截面坐标系的原点位于扭心的情况,此时翘曲位移满足式(6.15)。无翘曲意味着 $u_s \equiv 0$,因此有

$$\frac{\delta_{Os}}{\delta} = \frac{A_{Os}}{A} \tag{6.44}$$

代入两者的定义式(6.14)得

$$\frac{1}{\delta}\int_0^s \frac{\mathrm{d}s}{Gt} = \frac{1}{2A}\int_0^s p_R\mathrm{d}s \tag{6.45}$$

注意式(6.45)对所有的弧长坐标 s 都成立,因此

$$\frac{1}{\delta Gt} = \frac{p_R}{2A} \tag{6.46}$$

即

$$p_RGt = \frac{2A}{\delta} = \text{const.} \tag{6.47}$$

式(6.47)为单闭室闭口薄壁梁的无翘曲条件。当剪切模量为常数时,式(6.47)退化为

$$p_Rt = \text{const.} \tag{6.48}$$

满足式(6.48)的例子有:

(1) 壁厚均匀的圆形截面,即管或圆柱。

(2) 壁厚均匀的三角形截面梁,此时扭心/剪心就是内切圆的圆心。

(3) 满足式(6.36)的矩形截面梁。

6.2　开口薄壁梁的扭转

6.2.1　预备知识：柱形杆的自由扭转

开口梁的扭转与闭口梁有很大的区别，此时剪应力沿厚度方向均匀分布这一假设不再成立。本节先简要复习柱形杆自由扭转的弹性力学解。柱形杆可以理解为截面形状和尺寸在轴向保持恒定的梁。

自由扭转的柱形杆只受到绕 x 轴施加的扭矩 T 的作用，因此有

$$\sigma_x = \sigma_y = \sigma_z = \tau_{yz} = 0 \tag{6.49}$$

假设无体力。平衡方程式(1.6)～式(1.8)退化为

$$\frac{\partial \tau_{xy}}{\partial y} + \frac{\partial \tau_{xz}}{\partial z} = 0, \quad \frac{\partial \tau_{xy}}{\partial x} = 0, \quad \frac{\partial \tau_{xz}}{\partial x} = 0 \tag{6.50}$$

定义普朗特(Prandtl)应力函数 $\phi = \phi(y, z)$ 使得

$$\tau_{xy} = \frac{\partial \phi}{\partial z}, \quad \tau_{xz} = -\frac{\partial \phi}{\partial y} \tag{6.51}$$

则应力平衡方程式(6.50)自动满足。

由式(6.49)和广义胡克定律式(1.59)得

$$\varepsilon_x = \varepsilon_y = \varepsilon_z = \gamma_{yz} = 0 \tag{6.52}$$

和

$$\gamma_{xy} = \frac{1}{G} \frac{\partial \phi}{\partial z}, \quad \gamma_{xz} = -\frac{1}{G} \frac{\partial \phi}{\partial y} \tag{6.53}$$

应变协调方程式(1.55)和式(1.56)退化为

$$\frac{\partial}{\partial y} \left(-\frac{\partial \gamma_{zx}}{\partial y} + \frac{\partial \gamma_{xy}}{\partial z} \right) = 0 \tag{6.54}$$

$$\frac{\partial}{\partial z} \left(-\frac{\partial \gamma_{xy}}{\partial z} + \frac{\partial \gamma_{zx}}{\partial y} \right) = 0 \tag{6.55}$$

将式(6.53)代入式(6.54)和式(6.55)，得

$$\frac{\partial}{\partial y} \nabla^2 \phi = \frac{\partial}{\partial z} \nabla^2 \phi = 0 \tag{6.56}$$

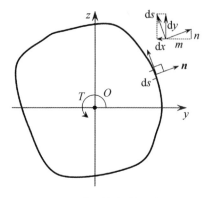

图 6.7 柱形杆扭转示意图

因此有

$$\nabla^2 \phi = F \tag{6.57}$$

式中，F 为常数。式(6.57)为泊松方程，也是普朗特应力函数 ϕ 的定解方程。接下来讨论边界条件。

在横截面坐标系 Oyz 内，柱形杆的边界（外廓或内部孔洞的边缘）都是无面力的（见图 6.7）。

在边界上有

$$\mathbf{0} = \begin{bmatrix} \sigma_x & \tau_{xy} & \tau_{xz} \\ \tau_{xy} & \sigma_y & \tau_{yz} \\ \tau_{xz} & \tau_{yz} & \sigma_z \end{bmatrix} \begin{bmatrix} l \\ m \\ n \end{bmatrix} = \begin{bmatrix} 0 & \tau_{xy} & \tau_{xz} \\ \tau_{xy} & 0 & 0 \\ \tau_{xz} & 0 & 0 \end{bmatrix} \begin{bmatrix} 0 \\ m \\ n \end{bmatrix} = \begin{bmatrix} \tau_{xy}m + \tau_{xz}n \\ 0 \\ 0 \end{bmatrix}$$

$$\tag{6.58}$$

式中，(m, n) 为边界上一点处的法向量的方向余弦，对于边界上的一段微元 $\mathrm{d}s$，有 $m = \dfrac{\mathrm{d}y}{\mathrm{d}s}$，$n = -\dfrac{\mathrm{d}z}{\mathrm{d}s}$。由式(6.58)可得

$$\tau_{xy}m + \tau_{xz}n = \frac{\partial \phi}{\partial z}\frac{\mathrm{d}y}{\mathrm{d}s} + \left(-\frac{\partial \phi}{\partial y}\right)\left(-\frac{\mathrm{d}z}{\mathrm{d}s}\right) = \frac{\partial \phi}{\partial s} = 0 \tag{6.59}$$

式(6.59)说明 ϕ 在边界上是常数。如果柱形杆的横截面是单连通域，只有一个边界，通常将 ϕ 在边界上的值取为零。如果是多连通域，那么只能在一条闭合边界上取 ϕ 为零，其他边界上为待定常数。

在截面内的合剪力为零

$$S_y = \iint\limits_A \tau_{xy}\,\mathrm{d}y\,\mathrm{d}z = \iint\limits_A \frac{\partial \phi}{\partial z}\,\mathrm{d}y\,\mathrm{d}z = \oint\limits_{\partial A} \phi n\,\mathrm{d}s = 0 \tag{6.60}$$

$$S_z = \iint\limits_A \tau_{xz}\,\mathrm{d}y\,\mathrm{d}z = \iint\limits_A \left(-\frac{\partial \phi}{\partial y}\right)\mathrm{d}y\,\mathrm{d}z = -\oint\limits_{\partial A} \phi m\,\mathrm{d}s = 0 \tag{6.61}$$

剪应力的合力矩应等于扭矩，对于截面为单连通域的情形

$$T = \iint\limits_A (y\tau_{xz} - z\tau_{xy})\,\mathrm{d}y\,\mathrm{d}z = \iint\limits_A \left(-y\frac{\partial \phi}{\partial y} - z\frac{\partial \phi}{\partial z}\right)\mathrm{d}y\,\mathrm{d}z = 2\iint\limits_A \phi\,\mathrm{d}y\,\mathrm{d}z \tag{6.62}$$

其中用到了在边界上 $\phi=0$。

接下来分析泊松方程式(6.57)右端的常数 F 与扭率之间的关系。根据刚周边假设,纯扭转的柱形杆的整个截面都绕着扭心做刚体转动,并假设各截面的翘曲位移均与轴向坐标 x 无关(即等翘曲假设),圣维南(St. Venant)给出了三个位移分量

$$u=\alpha\psi(y,z), \quad v=-\alpha xz, \quad w=\alpha xy \tag{6.63}$$

显然 α 就是扭率,即单位轴向长度的扭转角 $\dfrac{\mathrm{d}\theta}{\mathrm{d}x}$。 也可以利用转动角的计算公式得

$$\theta=\omega_1=\frac{1}{2}\left(\frac{\partial w}{\partial y}-\frac{\partial v}{\partial z}\right)=\frac{1}{2}(\alpha x+\alpha x)=\alpha x \tag{6.64}$$

式(6.63)中的 ψ 称为翘曲函数。将式(6.63)代入式(6.52)发现自动满足,而剩余两个剪应变分量为

$$\gamma_{xy}=\alpha\left(\frac{\partial\psi}{\partial y}-z\right), \quad \gamma_{xz}=\alpha\left(\frac{\partial\psi}{\partial z}+y\right) \tag{6.65}$$

而

$$\begin{aligned}
F=\nabla^2\phi &=\frac{\partial}{\partial y}\left(\frac{\partial\phi}{\partial y}\right)+\frac{\partial}{\partial z}\left(\frac{\partial\phi}{\partial z}\right)=-\frac{\partial\tau_{xz}}{\partial y}+\frac{\partial\tau_{xy}}{\partial z} \\
&=G\left(-\frac{\partial\gamma_{xz}}{\partial y}+\frac{\partial\gamma_{xy}}{\partial z}\right)=G\alpha\left(-\frac{\partial^2\psi}{\partial y\partial z}-1+\frac{\partial^2\psi}{\partial y\partial z}-1\right) \\
&=-2G\alpha=-2G\frac{\mathrm{d}\theta}{\mathrm{d}x}
\end{aligned} \tag{6.66}$$

所以定解方程(6.57)实为

$$\nabla^2\phi=-2G\theta' \tag{6.67}$$

至此可知,只要能求出普朗特应力函数,一切就迎刃而解。这里采用薄膜比拟的办法进行求解。考虑一个与柱形杆横截面相同形状的钢丝圈,在其上蒙一块不能承受弯矩只能承受张力 N(单位长度的力)的薄膜(例如肥皂泡、橡胶皮),再在薄膜的一侧施加均布压力 q,则薄膜会鼓起。薄膜的挠度 u 满足如下方程:

$$\nabla^2 u = -\frac{q}{N} \tag{6.68}$$

注意式(6.68)与普朗特应力函数的定解方程式(6.57)具有完全相同的形式。关于边界条件,薄膜挠度在边界上为零,这也与普朗特应力函数在(单连通域)边界上为零的条件完全一致,因此柱形杆自由扭转问题的解与薄膜挠度的解具有对应的关系。只要做一个与梁截面形状一样的钢圈蒙上薄膜并施加均布压力,测量其挠度后就可以求得相对应的柱形杆自由扭转问题的普朗特应力函数,该方法称为薄膜比拟。

例题 6.4 狭长矩形实心截面柱形杆自由扭转的薄膜比拟

采用薄膜比拟法求解一个长度为 s、宽度为 t 的矩形实心截面柱形杆在扭矩 T 作用下的剪应力、扭率,即假设有一个长度为 s、宽度为 t 的薄膜受到均布载荷的作用(见图 6.8)。

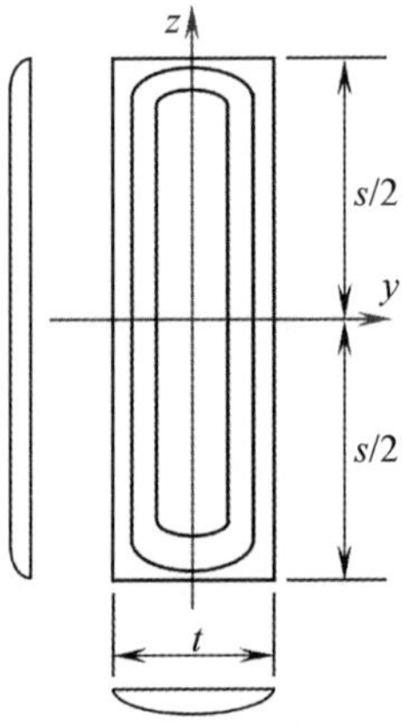

考虑 $s \gg t$ 的情况,则除了上下端部之外,薄膜的挠度沿长度方向基本没有变化,只是宽度方向坐标的函数,因此可以假设普朗特应力函数 ϕ 也满足这一特点,即 $\phi = \phi(y)$,则定解方程(6.67)转变为

$$\frac{\mathrm{d}^2 \phi}{\mathrm{d}y^2} = -2G\theta' \tag{6.69}$$

积分得

$$\phi(y) = -G\theta' y^2 + C_1 x + C_2 \tag{6.70}$$

代入边界条件

$$\phi\left(\pm \frac{t}{2}\right) = 0 \tag{6.71}$$

图 6.8 狭长矩形实心截面柱形杆自由扭转薄膜比拟示意图

得 $C_1 = 0$, $C_2 = G\theta' t^2/4$,故

$$\phi(y) = -G\theta'\left[y^2 - \left(\frac{t}{2}\right)^2\right] \tag{6.72}$$

代入式(6.62)得扭矩

$$T = 2\iint\limits_A \phi \,\mathrm{d}y\,\mathrm{d}z = 2s\int_{-t/2}^{t/2} G\theta'\left(\frac{t^2}{4} - y^2\right)\mathrm{d}y = G\frac{st^3}{3}\theta' \tag{6.73}$$

根据抗扭刚度 GJ 的定义

$$T = GJ\theta' \qquad (6.74)$$

可得

$$J = \frac{st^3}{3} \qquad (6.75)$$

剪应力为

$$\tau_{xy} = \frac{\partial \phi}{\partial z} = 0, \quad \tau_{xz} = -\frac{\partial \phi}{\partial y} = 2G\theta' y \qquad (6.76)$$

为求解翘曲位移,将式(6.65)与式(6.76)联立,得

$$\psi = yz \qquad (6.77)$$

因此翘曲位移为

$$u = \theta' yz \qquad (6.78)$$

剪应力与翘曲位移的分布如图 6.9 所示。

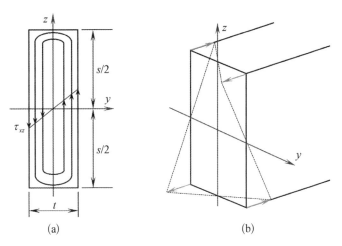

图 6.9 狭长矩形实心截面柱形杆自由扭转的剪应力和翘曲位移分布
(a) 剪应力;(b) 翘曲位移

可见狭长矩形实心截面上的扭转剪应力的分布类似于涡流,在除了端部之外的大部分地方是平行于长度方向且沿厚度线性分布的,而翘曲位移则是以截面中心为原点沿两个方向呈双线性方式分布。

6.2.2　开口薄壁梁扭转问题的近似解

借用例题 6.4 的结果，我们可以将开口薄壁梁或一般薄壁梁的开口部分作为一段长度为 s、厚度为 t 的狭长矩形截面柱形杆，定义弧长坐标仍为 s，厚度方向坐标为 n，则剪应力为

$$\tau_{xn}=0, \quad \tau_{xs}=2Gn\frac{\mathrm{d}\theta}{\mathrm{d}x} \tag{6.79}$$

最大剪应力出现在内外表面上，

$$\tau_{xn}=0, \quad \tau_{xs,\,\mathrm{max}}=\pm Gt\frac{\mathrm{d}\theta}{\mathrm{d}x}=\pm\frac{T}{J}t \tag{6.80}$$

扭转常数 J 为

$$J=\sum\frac{st^{3}}{3} \quad 或 \quad J=\frac{1}{3}\int t^{3}\mathrm{d}s \tag{6.81}$$

由扭矩计算剪应力

$$\tau_{xs}=\frac{2n}{J}T \tag{6.82}$$

翘曲位移

$$u=ns\frac{\mathrm{d}\theta}{\mathrm{d}x} \tag{6.83}$$

式(6.83)所代表的翘曲位移是薄壁沿着壁厚方向发生的离面位移，称为次级翘曲。其最大值与厚度成正比，但比较小，通常予以忽略。

依据式(6.79)，壁面中线上的剪应力为零，则剪应变也为零，根据式(5.8)，有

$$\gamma_{xs}\big|_{n=0}=\frac{\partial u}{\partial s}+\frac{\partial v_{\mathrm{t}}}{\partial x}=0 \tag{6.84}$$

即

$$\frac{\partial u}{\partial s}=-\frac{\partial v_{\mathrm{t}}}{\partial x} \tag{6.85}$$

在自由扭转问题中,我们一直坚持刚周边假设,那么在原点位于扭心 R 的坐标系中有

$$v_t = p_R \theta \tag{6.86}$$

将式(6.85)与式(6.86)联立,有

$$\frac{\partial u}{\partial s} = -p_R \frac{\mathrm{d}\theta}{\mathrm{d}x} \tag{6.87}$$

选取截面上翘曲为零的位置(例如对称轴与壁面的交点)为弧长起点,对式(6.87)积分得

$$u = -\frac{\mathrm{d}\theta}{\mathrm{d}x} \int_0^s p_R \mathrm{d}s = -2A_{Rs} \frac{\mathrm{d}\theta}{\mathrm{d}x} = -2A_{Rs} \frac{T}{GJ} \tag{6.88}$$

式(6.88)所示的翘曲位移是开口薄壁梁壁面中线上的翘曲位移,称为主翘曲。

例题 6.5　薄壁槽型梁的纯扭转

求解图 6.10 所示的槽型梁在 $10\ \mathrm{N \cdot m}$ 扭矩作用下的最大剪应力和(主)翘曲位移的分布。剪切模量 $G = 25\ \mathrm{GPa}$。

解:先计算抗扭常数

$$J = \sum \frac{st^3}{3} = \frac{1}{3}(2 \times 25 \times 1.5^3 + 50 \times 2.5^3)$$
$$= 316.7\ \mathrm{mm}^4 \tag{6.89}$$

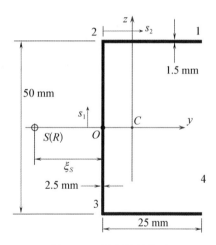

图 6.10　薄壁槽型截面

最大剪应力由式(6.80)计算

$$\tau_{xs,\ \max} = \frac{T}{J} t = \frac{10 \times 10^3}{316.7} \times 2.5$$
$$= 78.94\ \mathrm{MPa} \tag{6.90}$$

扭率

$$\frac{\mathrm{d}\theta}{\mathrm{d}x} = \frac{T}{GJ} = \frac{10 \times 10^3}{25\,000 \times 316.7} = 1.263 \times 10^{-3}\ \mathrm{rad/mm} \tag{6.91}$$

为求翘曲位移,需要先求扭心 R 的位置 ξ_s。 仿照例题 5.3,可得 $\xi_s = 8.04\ \mathrm{mm}$。显然腹板与 y 轴的交点 O 处翘曲位移为零,选它作为弧长起点。在 $O2$ 段,

$$A_{Rs} = \frac{1}{2}\xi_S s_1 \tag{6.92}$$

$$u = -2A_{Rs}\frac{\mathrm{d}\theta}{\mathrm{d}x} = -\frac{\mathrm{d}\theta}{\mathrm{d}x}\xi_S s_1 \tag{6.93}$$

在点 2 处

$$u_2 = -\frac{\mathrm{d}\theta}{\mathrm{d}x}\xi_S s_1\big|_2 = -1.263\times10^{-3}\times8.04\times25 = -0.25\text{ mm} \tag{6.94}$$

在 21 段

$$A_{Rs} = \frac{1}{2}\xi_S\times25 - \frac{1}{2}\times25s_2 = 100.5 - 12.5s_2 \tag{6.95}$$

$$u = -2A_{Rs}\frac{\mathrm{d}\theta}{\mathrm{d}x} = -2(100.5 - 12.5s_2)\times1.263\times10^{-3} \tag{6.96}$$

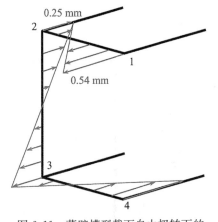

图 6.11 薄壁槽型截面自由扭转下的主翘曲位移分布

在点 1 处，$s_2 = 25$ mm，

$$u_1 = -2A_{Rs}\frac{\mathrm{d}\theta}{\mathrm{d}x}$$
$$= -2(100.5 - 12.5s_2)\times1.263\times10^{-3}$$
$$= 0.54\text{ mm}$$

$$\tag{6.97}$$

同一段壁板上的翘曲位移按线性关系分布。下半部分截面的翘曲位移可由对称性获知。整个截面的主翘曲位移分布如图 6.11 所示。

6.3 本章习题

习题 6.1

如图 6.12 所示的圆截面薄壁梁（管）的厚度为 2.5 mm，长度为 2 000 mm，受到沿整个长度分布的扭矩，集度为 1.0 N · m/mm，同时在两端各受到 450 N · m 的集中扭矩。在距离两端各 500 mm 的截面处有反力矩 R 作用以使整个结构处于平衡状态。取剪切模量 $G = 30$ GPa，并忽略轴向约束。请计算梁中的最大剪应力，以及梁的扭转角沿轴向的分布 $\theta(x)$。

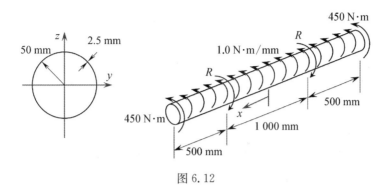

图 6.12

习题 6.2

如图 6.13 所示的闭口薄壁梁受到一个 $4\,500\,\mathrm{N\cdot m}$ 扭矩的作用。梁被限定绕通过半圆弧之圆心 C 的轴扭转。半圆弧 12 的厚度为 $2\,\mathrm{mm}$，剪切模量为 $22\,\mathrm{GPa}$。壁板 23、34、41 的厚度为 $1.6\,\mathrm{mm}$，剪切模量为 $27.5\,\mathrm{GPa}$。注意，Gt 为常数。请计算梁的扭率 $\dfrac{\mathrm{d}\theta}{\mathrm{d}x}$，并绘制翘曲位移分布图，特别须标记点 1 和点 4 的翘曲位移值。

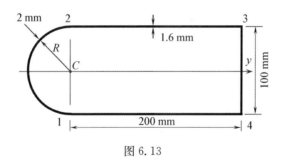

图 6.13

习题 6.3

如图 6.14 所示的双对称矩形截面薄壁梁的水平壁板的剪切模量、长度、厚

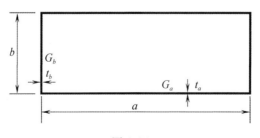

图 6.14

度分别为 G_a、a、t_a，竖直壁板的对应值分别为 G_b、b、t_b。设两种材料的密度与剪切模量之比相同。对于给定的抗扭刚度和给定的尺寸 a、b，请求出使得梁的单位轴长重量最低的壁厚比 t_a/t_b。如果壁厚比为该值，且抗扭刚度仍然给定，请求解使得梁的单位轴长重量最低的宽度比 a/b。

习题 6.4

某开口截面梁具有如图 6.15 所示的截面。梁受到 $50 \text{ N} \cdot \text{m}$ 的扭矩作用。请计算截面上的最大剪应力以及梁的扭率。剪切模量 $G = 25 \text{ GPa}$。

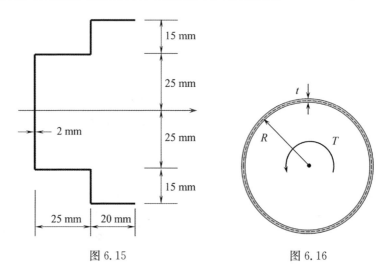

图 6.15   图 6.16

习题 6.5

一个平均半径为 R、厚度为 t 的圆形截面薄壁梁（即薄壁管）承受扭矩 T 的作用（见图 6.16），利用本章知识求解壁面上的剪应力 τ，并验证它就是弹性力学精确解在 $t = R$ 时的退化。

提示：圆管自由扭转问题的弹性力学精确解为 $\tau = Tr/J$。式中，r 为半径；J 为极惯性矩，$J = \pi(R + t/2)^4/4 - \pi(R - t/2)^4/4$。

第7章 开闭组合截面梁

实际的飞机结构被抽象为薄壁梁后,很少有单纯的开口梁或闭口梁,常常是开闭组合梁。对开闭组合梁进行分析需要灵活运用前几章的知识。

7.1 弯曲

回顾第4章,可知工程梁的弯曲理论适用于各种截面,当然也包括开闭截面组合薄壁梁,梁的弯曲应力公式仍然为

$$
\begin{aligned}
\sigma_x &= \frac{I_{yy}M_z - I_{yz}M_y}{I_{yy}I_{zz} - I_{yz}^2}y + \frac{I_{zz}M_y - I_{yz}M_z}{I_{yy}I_{zz} - I_{yz}^2}z \\
&= \frac{I_{zz}z - I_{yz}y}{I_{yy}I_{zz} - I_{yz}^2}M_y + \frac{I_{yy}y - I_{yz}z}{I_{yy}I_{zz} - I_{yz}^2}M_z
\end{aligned}
\tag{4.11}
$$

7.2 剪切

当剪力作用线通过截面剪心时,无论是开口还是闭口部分的壁面,剪流的计算公式本质上没有区别,都是对

$$
\frac{\partial q}{\partial s} = -\frac{I_{yy}S_y - I_{yz}S_z}{I_{yy}I_{zz} - I_{yz}^2}ty - \frac{I_{zz}S_z - I_{yz}S_y}{I_{yy}I_{zz} - I_{yz}^2}tz
\tag{5.18}
$$

进行积分,区别仅在于能否找到一个剪流可以确定的位置,

$$
\begin{aligned}
q &= q_b + q_0 \\
&= -\frac{I_{yy}S_y - I_{yz}S_z}{I_{yy}I_{zz} - I_{yz}^2}\int_0^s ty\,\mathrm{d}s - \frac{I_{zz}S_z - I_{yz}S_y}{I_{yy}I_{zz} - I_{yz}^2}\int_0^s tz\,\mathrm{d}s + q_0
\end{aligned}
\tag{5.34}
$$

无论如何,式(5.34)在一段连续无分叉壁面上的积分都是剪流在该段壁面两端之差:

$$q_2 - q_1 = -\frac{I_{yy}S_y - I_{yz}S_z}{I_{yy}I_{zz} - I_{yz}^2}\int_{s_1}^{s_2} ty\,\mathrm{d}s - \frac{I_{zz}S_z - I_{yz}S_y}{I_{yy}I_{zz} - I_{yz}^2}\int_{s_1}^{s_2} tz\,\mathrm{d}s \tag{7.1}$$

如果无法找到一个剪流可以确定的位置,就需要用其他条件来确定弧长起点处的剪流 q_0。

例题 7.1

某飞机的机身和部分机翼组合体的截面经抽象后为图 7.1 所示的薄壁截面,各段壁板的厚度均为 2 mm。求解在竖直对称面内的 100 kN 剪力作用之下截面上的剪流分布。

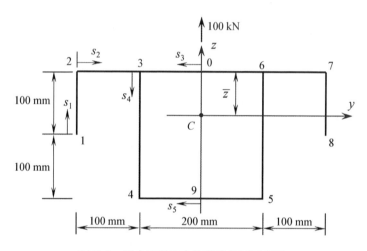

图 7.1　机身机翼组合体薄壁截面示意图

解:整个截面左右对称,所以形心 C 和剪心 S 一定落在竖直对称轴即 z 轴上。由于剪力通过剪心,所以剪流的分布也关于 z 轴对称,对称轴与壁面的交点 0、9 两处的剪流为零。截面中部正方形 3654 是闭口的,而两侧伸出的曲臂 321 和 678 则是开口部分,开口处 1、8 的剪流也为零。

基础剪流 q_b 退化为

$$q_b = -\frac{S_z}{I_{yy}}\int_0^s tz\,\mathrm{d}s \tag{7.2}$$

为求惯性矩,先求解形心位置

$$\bar{z} = \frac{2\times100\times2\times50 + 2\times200\times2\times100 + 200\times2\times200}{4\times100\times2 + 4\times200\times2} = 75\ \text{mm} \tag{7.3}$$

再反复运用矩形薄壁截面惯性矩算式和平行轴定理求对横轴的惯性矩

$$I_{yy} = 2\left(\frac{2 \times 100^3}{12} + 2 \times 100 \times 25^2\right) + 400 \times 2 \times 75^2 + 200 \times 2 \times 125^2 +$$

$$2\left(\frac{2 \times 200^3}{12} + 2 \times 200 \times 25^2\right) = 14.5 \times 10^6 \text{ mm}^4$$

$$(7.4)$$

开口处 1 的剪流为零,在 12 段

$$q_{12} = -\frac{100 \times 10^3}{14.5 \times 10^6}\int_0^{s_1} 2(-25 + s_1)\mathrm{d}s_1 = -69 \times 10^{-4}(-50s_1 + s_1^2)$$

$$(7.5)$$

在点 2

$$q_2 = -69 \times 10^{-4}(-50 \times 100 + 100^2) = -34.5 \text{ N/mm} \qquad (7.6)$$

由式(7.5)可见,q_{12} 与弧长坐标 s_1 之间是二次函数关系,初始时 q_{12} 为正,在 $s_1 = 50$ mm 处转变方向,随着 s_1 继续增大,q_{12} 为负。注意 q_{12} 在 $s_1 = 25$ mm 处达到局部极值 4.3 N/mm。

在 23 段,$z = 75$ mm,

$$q_{23} = -\frac{100 \times 10^3}{14.5 \times 10^6}\int_0^{s_2} 2 \times 75\mathrm{d}s_2 - 34.5 = -1.04s_2 - 34.5 \qquad (7.7)$$

23 段上的剪流是依弧长坐标线性变化的,在点 3 的左侧

$$q_{3,23} = -1.04 \times 100 - 34.5 = -138.5 \text{ N/mm} \qquad (7.8)$$

因为点 0 位于对称轴上,所以 $q_0 = 0$,故 03 段的剪流也可以求出

$$q_{03} = -69 \times 10^{-4}\int_0^{s_3} 2 \times 75\mathrm{d}s_3 = -1.04s_3 \qquad (7.9)$$

在点 3 的右侧,剪流为

$$q_{3,03} = -1.04 \times 100 = -104 \text{ N/mm} \qquad (7.10)$$

在点 3 处,考虑剪流平衡(见习题 7.1),可知点 3 下方的剪流为

$$q_{3,34} = q_{3,23} + q_{3,03} = -138.5 - 104 = -242.5 \text{ N/mm} \qquad (7.11)$$

在 34 段

$$q_{34} = -69 \times 10^{-4} \int_0^{s_4} 2 \times (75 - s_4) \mathrm{d}s_4 - 242.5$$
$$= 69 \times 10^{-4} s_4^2 - 1.04 s_4 - 242.5$$

(7.12)

由式(7.12)可见，q_{34} 在 $s_4 = 75\ \text{mm}$ 处得得极值 $-281.7\ \text{N/mm}$。

在点 4 处，剪流为

$$q_4 = -172.5\ \text{N/mm}$$

(7.13)

利用 $q_9 = 0$ 可计算 94 段的剪流为

$$q_{94} = -69 \times 10^{-4} \int_0^{s_5} 2 \times (-125) \mathrm{d}s_5 = 1.725 s_5$$

(7.14)

至此，截面左半边的剪流都已求出，右半部分与之对称。整个截面的剪流分布如图 7.2 所示。

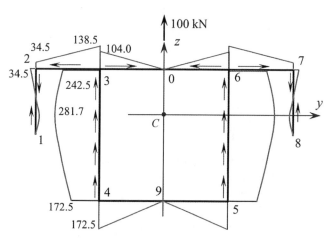

图 7.2　机身机翼组合体薄壁截面剪流分布（单位：N/mm）

7.3　扭转

通过第 6 章的学习，我们知道开口将导致截面的抗扭性能显著下降。一般而言，在开闭组合截面中，闭合部分将主导截面的抗扭性能，故而开口的部段在计算截面抗扭刚度时常常会被忽略，但是开口部分的剪应力仍应予以校核。

例题 7.2

某型机翼的主承力部件可抽象为如图 7.3 所示的薄壁梁,机翼受到 10 kN·m 的扭矩,请计算机翼的扭率和最大剪应力。设所有部分的材料的剪切模量均匀,均为 25 GPa,12 段(外)长度 900 mm,鼻端闭室面积 20 000 mm²。

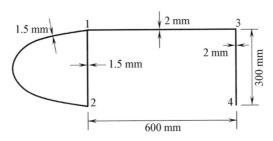

图 7.3　某机翼承扭部分截面示意图

解: 由式(6.7)计算闭口部分的抗扭刚度为

$$(GJ)_{cl} = \frac{4A^2G}{\oint ds/t} = \frac{4 \times 20\,000^2 \times 25\,000}{(900+300)/1.5} = 5\,000 \times 10^7 \text{ N·mm}^2 \quad (7.15)$$

由式(6.81)计算开口部分的抗扭刚度为

$$(GJ)_{op} = \frac{G}{3}\sum st^3 = \frac{25\,000}{3} \times (600+300) \times 2^3 = 6 \times 10^7 \text{ N·mm}^2$$

$$(7.16)$$

可见闭口部分的抗扭刚度接近开口部分的一千倍,相差悬殊。总抗扭刚度为

$$GJ = 5\,006 \times 10^7 \text{ N·mm}^2 \quad (7.17)$$

则扭率为

$$\frac{d\theta}{dx} = \frac{T}{GJ} = \frac{10 \times 10^3 \times 10^3}{5\,006 \times 10^7} = 1.997\,6 \times 10^{-4} \approx 2 \times 10^{-4} \text{ rad/mm} \quad (7.18)$$

截面的各个部分扭率一致,闭口部分的剪流为

$$q_{cl} = \frac{T_{cl}}{2A} = \frac{(GJ)_{cl}}{2A}\frac{d\theta}{dx} = \frac{5\,000 \times 10^7}{2 \times 20\,000} \times 2 \times 10^{-4} = 250 \text{ N/mm} \quad (7.19)$$

则闭口部分的最大剪应力为

$$\tau_{\max,\ \text{cl}} = \frac{q_{\text{cl}}}{t} = \frac{250}{1.5} = 166.7\ \text{MPa} \tag{7.20}$$

开口部分的最大剪应力由式(6.80)计算

$$\tau_{\max,\ \text{op}} = Gt\frac{\mathrm{d}\theta}{\mathrm{d}x} = 25\,000 \times 2 \times 2 \times 10^{-4} = 10\ \text{MPa} \tag{7.21}$$

由上述结果可知,无论是应力还是刚度,闭口部分都是主导的。这种主导性可以用于计算翘曲位移。在确定剪心/扭心的位置后,闭口部分的翘曲位移可据 6.1.3 节所述方法计算,开口部分的翘曲位移可据 6.2.2 节所述方法计算。

7.4 本章习题

习题 7.1

请证明在薄壁截面的转角节点处,例如例题 7.1 的点 2,该节点两侧的剪流是连续的,即 $q_{2,\,12} = q_{2,\,23}$。

习题 7.2

请证明在截面上三段壁面交汇的节点处,例如例题 7.1 的点 3,所有流入该节点的剪流之和为零,类似于基尔霍夫电路定律。

习题 7.3

截面如图 7.4 所示的翼盒受到 100 kN·m 的扭矩作用,请计算扭率和最大剪应力。剪切模量 $G = 25$ GPa,厚度 $t = 2$ mm 为常数。

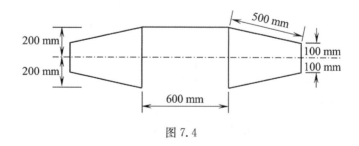

图 7.4

习题 7.4

如图 7.5 所示的单对称机翼受到经过竖直腹板 63 的剪力 50 kN。请计算扭率和壁面中的最大剪应力。取剪切模量 $G=25$ GPa。腹板 63 厚度为 4 mm，其他壁面厚度均为 2 mm。

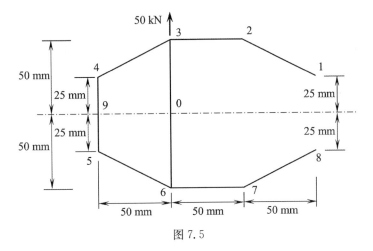

图 7.5

第8章　飞机主要结构的杆板简化

8.1　结构简化的原则

实际的飞机结构非常复杂,进行结构分析时如果为了过分追求精度而考虑过多的细节往往会耗费不必要的时间成本。在设计阶段,工程技术人员在结构分析的精度与速度之间应进行权衡,力争在较快的时间内给出可用的结果以推动设计工作的进展,进一步的细化和优化可以留待后续环节进行。因此,在飞行器结构分析时需要对结构进行合理的简化。

随着数值计算工具的发展,计算机势必承担起烦琐枯燥的分析和计算工作,但是并不意味着我们可以将所有的工作都丢给计算机,事实上计算机只是将人们从重复性劳动中解放出来,但是计算程序的原理设计、计算模型的建立、计算结果的解读和研判都有赖于对理论的深入理解和灵活运用。

飞机的主体结构是机身和机翼,由于纵向尺寸远大于横向尺寸,二者均可以视作梁。机身由蒙皮经机身框、桁条强化而制成,机翼由翼梁、翼肋构成骨架再敷以蒙皮制成,因此从结构力学的角度而言,两者均可以简化为带有加强筋的薄壁梁。沿纵向布置的用于加强蒙皮的桁条、翼梁都扮演了加强筋的角色,因此都可以视作细长的杆,而相邻加强筋之间的蒙皮都可视作板。

在简化时,我们遵循以下原则:

(1) 桁条、翼梁等加强筋都视为杆,且截面积作为杆的内禀属性被认为凝聚于截面形心处,不考虑正应力在杆截面内的变化,换言之杆截面内的正应力为常数,取形心处的值。

(2) 杆都落于板的中线上。

(3) 桁条、翼梁等加强筋主要承受正应力,板主要承受剪应力,在大多数时候可以更激进地认为杆只承受正应力,板只承受剪应力。

(4) 一段蒙皮承受正应力的能力可以等效于两根位于该段蒙皮两端的杆。

关于(4),考虑一段蒙皮,通常是相邻两根加强筋之间的蒙皮,因为曲率不大,可以当作板,我们求解与这段蒙皮承受正应力的能力等效的杆。

如图 8.1 所示,设一段蒙皮两端点为 1、2,正应力分别为 σ_1、σ_2,无论是轴力还是弯矩造成的正应力在截面上一定是按照面内坐标的一次函数形式分布的,因此该段板上的正应力在 1、2 之间是线性分布的。设两根等效杆的截面积分别为 B_1、B_2,两杆形心处的正应力仍为 σ_1、σ_2。在简化前,板承受正应力的厚度 t_D 就等于实际厚度 t,在简化之后,正应力由杆承担,板承受正应力的厚度 t_D 退化为 0。

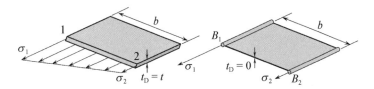

图 8.1　与板承受正应力等效的杆示意图

对点 2 求力矩平衡得

$$\sigma_2 t_D \frac{b^2}{2} + \frac{1}{2}(\sigma_1 - \sigma_2) t_D b \frac{2}{3} b = \sigma_1 B_1 b \tag{8.1}$$

化简得

$$B_1 = \frac{t_D b}{6}\left(2 + \frac{\sigma_2}{\sigma_1}\right) \tag{8.2}$$

同理可得

$$B_2 = \frac{t_D b}{6}\left(2 + \frac{\sigma_1}{\sigma_2}\right) \tag{8.3}$$

可见 1、2 的地位是完全对等的。简化后的杆截面积 B_1、B_2 依赖于应力比 σ_1/σ_2,如果应力比未知,常常需要对其进行假设。

例题 8.1　机翼截面的杆板模型

在图 8.2 所示的对称机翼截面中,竖直翼梁与蒙皮之间由角型截面梁连接,每个角型梁的截面积均为 300 mm^2。设梁中的弯矩作用在竖直平面内,请将截面简化为只承受正应力的杆和只承受剪应力的蒙皮。

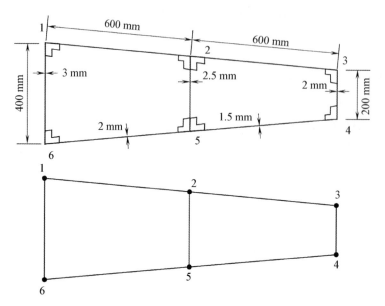

图 8.2　机翼截面简化示意图

解： 反复利用式(8.2)和式(8.3)即可得

$$B_1 = 300 + \frac{3 \times 400}{6}\left(2 + \frac{\sigma_6}{\sigma_1}\right) + \frac{2 \times 600}{6}\left(2 + \frac{\sigma_2}{\sigma_1}\right)$$

$$= 300 + \frac{3 \times 400}{6}(2-1) + \frac{2 \times 600}{6}\left(2 + \frac{150}{200}\right) \tag{8.4}$$

$$= 1\,050\ \text{mm}^2$$

$$B_2 = 2 \times 300 + \frac{2 \times 600}{6}\left(2 + \frac{\sigma_1}{\sigma_2}\right) + \frac{2.5 \times 300}{6}\left(2 + \frac{\sigma_5}{\sigma_2}\right) + \frac{1.5 \times 600}{6}\left(2 + \frac{\sigma_3}{\sigma_2}\right)$$

$$= 600 + \frac{2 \times 600}{6}\left(2 + \frac{200}{150}\right) + \frac{2.5 \times 300}{6}(2-1) + \frac{1.5 \times 600}{6}\left(2 + \frac{100}{150}\right)$$

$$= 1\,791.7\ \text{mm}^2 \tag{8.5}$$

$$B_3 = 300 + \frac{1.5 \times 600}{6}\left(2 + \frac{\sigma_2}{\sigma_3}\right) + \frac{2.0 \times 200}{6}\left(2 + \frac{\sigma_4}{\sigma_3}\right)$$

$$= 300 + \frac{1.5 \times 600}{6}\left(2 + \frac{150}{100}\right) + \frac{2.0 \times 200}{6}(2-1) \tag{8.6}$$

$$= 891.7\ \text{mm}^2$$

而梁下半部分的杆与上半部分对称，$B_6 = B_1$，$B_5 = B_2$，$B_4 = B_3$。

8.2 杆板简化对薄壁梁分析的影响

通过 8.1 节的原则与做法，机身或机翼都可以简化为杆板组合结构，其中剪应力完全由板承担，正应力主要由杆承担。我们可以规定板是否承受正应力，对于初步的设计而言，通常假设板只受剪应力，而正应力完全由杆承担，这样可以大大简化计算，这种做法称为完全简化。

8.2.1 简化对弯曲的影响

经过简化后的结构与未经简化的初始结构有所不同。薄壁梁结构简化的结果取决于截面上的正应力分布，因此不同的载荷（主要是弯矩）会导致不同的简化结果。计算截面形心位置和形心坐标系中的惯性矩分量时，只考虑承受正应力的部分。当薄壁梁被完全简化时，截面上的正应力分布于若干离散的集中面积之上。

例题 8.2 机身结构的杆板简化

图 8.3 所示的机身截面受到 $100\ \text{kN} \cdot \text{m}$ 的弯矩 M_y。如果截面被完全简化为只受正应力的杆和只受剪应力的板，请计算每根杆上的正应力。截面关于 z 轴对称。

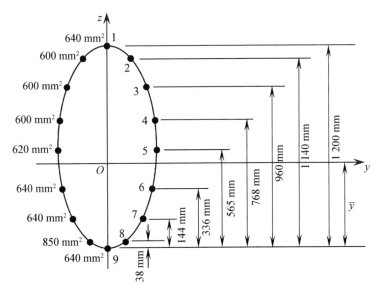

图 8.3 机身截面简化示意图

解：因为截面关于 z 轴对称，$I_{yz} = 0$，而 $M_z = 0$，故

$$\sigma_x = \frac{M_z}{I_{zz}}y \tag{8.7}$$

先计算形心位置

$$\bar{y} = \frac{640 \times 1\,200 + 2 \times \begin{pmatrix} 600 \times 1\,140 + 600 \times 960 + 600 \times 768 + \\ 620 \times 565 + 640 \times 336 + 640 \times 144 + 850 \times 38 \end{pmatrix}}{640 + 2 \times (600 \times 3 + 620 + 640 \times 2 + 850) + 640}$$

$$\approx 540 \text{ mm}$$

$$\tag{8.8}$$

再计算惯性矩

$$I_{zz} = 1.854 \times 10^6 \text{ mm}^4 \tag{8.9}$$

各杆的情况如表 8.1 所示。

表 8.1　杆件信息表

杆 编 号	z/mm	B/mm^2	σ_x/MPa
1	660	640	35.6
2	600	600	32.3
3	420	600	22.6
4	228	600	12.3
5	25	620	1.3
6	−204	640	−11.0
7	−396	640	−21.4
8	−502	850	−27.0
9	−540	640	−29.1

8.2.2　简化对剪切的影响：开口截面梁

先考察开口梁的剪切。式(5.18)需要改写成

$$\frac{\partial q}{\partial s} = -\frac{I_{yy}S_y - I_{yz}S_z}{I_{yy}I_{zz} - I_{yz}^2}t_{\text{D}}y - \frac{I_{zz}S_z - I_{yz}S_y}{I_{yy}I_{zz} - I_{yz}^2}t_{\text{D}}z \tag{8.10}$$

该式积分后与未经简化的薄壁梁中的剪流算式并无二致，只是厚度 t 替换成了承受正应力的厚度 t_{D}。如果板(蒙皮)照常承受正应力，则 $t_{\text{D}} = t$，若板只承受剪

应力,则 $t_D=0$。

式(8.10)成立的前提是剪流可
导,而在简化后的薄壁梁中,剪流在
杆的两侧并不一定连续。考虑截面
上的第 r 根杆,其在梁轴向的长度为
δx,截面积为 B_r,杆两侧的剪流分别
为 q_1 和 q_2,如图 8.4 所示。考虑杆
在轴向的力平衡,可得

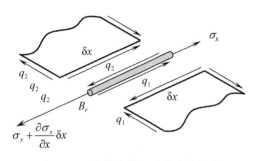

图 8.4　面积集中的杆对剪流的影响

$$\left(\sigma_x + \frac{\partial \sigma_x}{\partial x}\delta x\right)B_r - \sigma_x B_r + q_2\delta x - q_1\delta x = 0 \qquad (8.11)$$

即

$$q_2 - q_1 = -\frac{\partial \sigma_x}{\partial x}B_r \qquad (8.12)$$

式(8.12)其实是平衡方程式(5.4)

$$t\frac{\partial \sigma_x}{\partial x} + \frac{\partial q}{\partial s} = 0 \qquad (5.4)$$

的离散版本。

注意正应力完全由弯矩造成

$$\sigma_x = \frac{I_{yy}M_z - I_{yz}M_y}{I_{yy}I_{zz} - I_{yz}^2}y + \frac{I_{zz}M_y - I_{yz}M_z}{I_{yy}I_{zz} - I_{yz}^2}z \qquad (4.11)$$

将式(4.11)代入式(8.12)得

$$q_2 - q_1 = -\frac{I_{yy}\dfrac{\partial M_z}{\partial x} - I_{yz}\dfrac{\partial M_y}{\partial x}}{I_{yy}I_{zz} - I_{yz}^2}B_r y_r - \frac{I_{zz}\dfrac{\partial M_y}{\partial x} - I_{yz}\dfrac{\partial M_z}{\partial x}}{I_{yy}I_{zz} - I_{yz}^2}B_r z_r \qquad (8.13)$$

$$= -\left(\frac{I_{yy}S_y - I_{yz}S_z}{I_{yy}I_{zz} - I_{yz}^2}\right)B_r y_r - \left(\frac{I_{zz}S_z - I_{yz}S_y}{I_{yy}I_{zz} - I_{yz}^2}\right)B_r z_r$$

式(8.13)意味着,在截面上每跨过一根杆时,剪流即发生式中所述的跳变。将其
与式(5.19)叠加,得到

$$q = -\left(\frac{I_{yy}S_y - I_{yz}S_z}{I_{yy}I_{zz} - I_{yz}^2}\right)\left(\int_0^s t_D y \, ds + \sum_{r=1}^n B_r y_r\right) -$$
$$\left(\frac{I_{zz}S_z - I_{yz}S_y}{I_{yy}I_{zz} - I_{yz}^2}\right)\left(\int_0^s t_D z \, ds + \sum_{r=1}^n B_r z_r\right) \tag{8.14}$$

如果剪应力完全由板承担，则 $t_D = 0$，式(8.14)退化为

$$q = -\left(\frac{I_{yy}S_y - I_{yz}S_z}{I_{yy}I_{zz} - I_{yz}^2}\right)\sum_{r=1}^n B_r y_r - \left(\frac{I_{zz}S_z - I_{yz}S_y}{I_{yy}I_{zz} - I_{yz}^2}\right)\sum_{r=1}^n B_r z_r \tag{8.15}$$

此时剪流为分段常数。

例题 8.3　简化后薄壁槽型截面上的剪流

如图 8.5 所示的简化槽型截面受到经过剪心的 4.8 kN 剪力作用，请计算截面上的剪流分布。假设梁的壁板只承受剪应力，各杆的截面积均为 300 mm²。

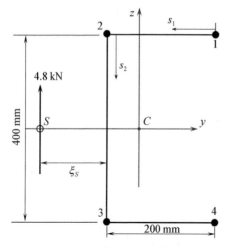

图 8.5　杆板简化后的槽型截面

解：由于截面关于 y 轴对称，所以 $I_{yz} = 0$，惯性矩

$$I_{yy} = 4 \times 300 \times 200^2 = 4.8 \times 10^7 \, \text{mm}^4 \tag{8.16}$$

由于 $S_y = 0$，则由式(8.15)得

$$q = -\frac{S_z}{I_{yy}}\sum_{r=1}^n B_r z_r \tag{8.17}$$

剪流为分段常数。在上翼缘 12 段

$$q_{12} = -\frac{S_z}{I_{yy}}B_1 z_1 = -\frac{4.8 \times 10^3}{4.8 \times 10^7} \times 300 \times 200 = -6 \, \text{N/mm} \tag{8.18}$$

腹板 23 段

$$q_{23} = -\frac{S_z}{I_{yy}}(B_1 z_1 + B_2 z_2)$$
$$= -\frac{4.8 \times 10^3}{4.8 \times 10^7} \times (300 \times 200 + 300 \times 200) = -12 \, \text{N/mm} \tag{8.19}$$

下翼缘 34 段可由对称性直接获得

$$q_{34} = q_{12} = -6\ \text{N/mm} \tag{8.20}$$

负号表示剪流方向与弧长方向相反。截面的剪流分布如
图 8.6 所示。

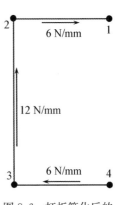

图 8.6　杆板简化后的
槽型截面剪流
分布

如前所述,若剪应力完全由板承担,则板中的剪流为
分段常数。这一事实将给杆板结构的分析带来重要的影
响。考虑一段任意形状的壁板,如图 8.7(a)中的 12 段,其
上的剪流 q_{12} 为常数。

作用在该段壁板的剪力在 y、z 方向的分量为

$$S_y = \int_1^2 q_{12} \cos \phi \, \mathrm{d}s = q_{12} \int_1^2 \mathrm{d}y = q_{12}(y_2 - y_1) \tag{8.21}$$

$$S_z = \int_1^2 q_{12} \sin \phi \, \mathrm{d}s = q_{12} \int_1^2 \mathrm{d}z = q_{12}(z_2 - z_1) \tag{8.22}$$

合力为

$$S = \sqrt{S_y^2 + S_z^2} = q_{12}\sqrt{(y_2 - y_1)^2 + (z_2 - z_1)^2} = q_{12}L_{12} \tag{8.23}$$

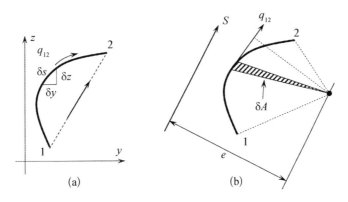

图 8.7　一段壁板上的常数剪流的合力与力矩

(a) 合力;(b) 力矩

式(8.21)~式(8.23)表明,一段剪流为常数的壁板所受到的总剪力等于剪
流与壁板两端距离(即弦长)的乘积,且方向由剪流始端指向末端。

再考察该段壁板上的常数剪流对某一参考点 O 的力矩

$$M_q = \int_1^2 q_{12} p \, \mathrm{d}s = q_{12} \int_1^2 2\mathrm{d}A = 2A q_{12} \tag{8.24}$$

式中, A 为从 1 到 2 的过程中向径所扫过的扇形面积。通过力矩的等效可以确定合剪力到参考点 O 的距离 e :

$$2Aq_{12} = Se = q_{12}L_{12}e \tag{8.25}$$

即

$$e = \frac{2A}{L_{12}} \tag{8.26}$$

8.2.3 简化对剪切的影响:闭口截面梁

与 5.4 节类似,为计算闭口薄壁梁上的剪流,可在截面任意方便的位置"剖"一刀形成开口梁,开口梁上的剪流(基础剪流)加上切口处的剪流即为实际剪流:

$$q = -\left(\frac{I_{yy}S_y - I_{yz}S_z}{I_{yy}I_{zz} - I_{yz}^2}\right)\left(\int_0^s t_D y \mathrm{d}s + \sum_{r=1}^{n} B_r y_r\right) - $$
$$\left(\frac{I_{zz}S_z - I_{yz}S_y}{I_{yy}I_{zz} - I_{yz}^2}\right)\left(\int_0^s t_D z \mathrm{d}s + \sum_{r=1}^{n} B_r z_r\right) + q_0 \tag{8.27}$$

如果剪应力完全由板承担,则 $t_D = 0$,式(8.27)退化为

$$q = -\left(\frac{I_{yy}S_y - I_{yz}S_z}{I_{yy}I_{zz} - I_{yz}^2}\right)\sum_{r=1}^{n} B_r y_r - \left(\frac{I_{zz}S_z - I_{yz}S_y}{I_{yy}I_{zz} - I_{yz}^2}\right)\sum_{r=1}^{n} B_r z_r + q_0 \tag{8.28}$$

此时剪流为分段常数。切口处剪流 q_0 的求法与 5.4 节所述一致。

例题 8.4 简化后薄壁矩形截面上的剪流

一个双对称的翼盒截面简化为如图 8.8 所示的单闭室闭口截面杆板结构,所有的正应力都由杆承担,剪应力都由板承担。各杆的截面积均为 1 000 mm² 。当翼盒受到如图 8.8 所示的剪力 $S_z = 20$ kN 时,请计算截面上的剪流分布。

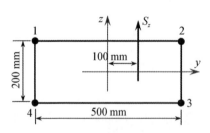

图 8.8 经杆板简化后的翼盒截面

解: 正应力都由杆承担,则计算形心和惯性矩时应只考虑杆。形心显然就在几何中心。由于 $I_{yz} = 0$, $S_y = 0$,式(8.28)退化为

$$q = -\frac{S_z}{I_{yy}}\sum_{r=1}^{n} B_r z_r + q_0 \tag{8.29}$$

惯性矩

$$I_{yy} = 4 \times 1\,000 \times 100^2 = 4 \times 10^7 \, \text{mm}^4 \tag{8.30}$$

假设在 12 段某一处"剖开"壁面,弧长增加方向为逆时针,则基础剪流为

$$q_{b,21} = 0 \tag{8.31}$$

$$q_{b,14} = -\frac{S_z}{I_{yy}} B_1 z_1 = -\frac{20 \times 10^3}{4 \times 10^7} \times 1\,000 \times 100 = -50 \, \text{N/mm} \tag{8.32}$$

$$q_{b,43} = -\frac{S_z}{I_{yy}} (B_1 z_1 + B_4 z_4) = 0 \tag{8.33}$$

$$q_{b,32} = q_{b,43} - \frac{S_z}{I_{yy}} B_3 z_3 = 0 - \frac{20 \times 10^3}{4 \times 10^7} \times 1\,000 \times (-100) = 50 \, \text{N/mm} \tag{8.34}$$

利用力矩平衡计算 q_0,分别计算剪流和剪力对中心的力矩

$$0 + 2 \times q_0 \times 200 \times 500 = 20 \times 10^3 \times 100 \tag{8.35}$$

得

$$q_0 = 10 \, \text{N/mm} \tag{8.36}$$

故 $q_{21} = 10 \, \text{N/mm}$,$q_{14} = -40 \, \text{N/mm}$,$q_{43} = 10 \, \text{N/mm}$,$q_{32} = 60 \, \text{N/mm}$。

例题 8.5

将单闭室薄壁梁简化为如图 8.9 所示的杆板结构,杆承受正应力,板只承受剪应力。若梁受到作用线通过杆 3、6 的竖直向上剪力 10 kN 的作用,请计算截面上的剪流分布。杆的截面积为 $B_1 = B_8 = 200 \, \text{mm}^2$,$B_2 = B_7 = 250 \, \text{mm}^2$,$B_3 = B_6 = 400 \, \text{mm}^2$,$B_4 = B_5 = 100 \, \text{mm}^2$。

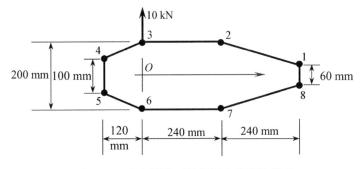

图 8.9 经杆板简化后的单闭室薄壁梁截面

解： 截面关于水平轴对称，$I_{yz}=0$

$$I_{yy}=2(100\times50^2+400\times100^2+250\times100^2+200\times30^2)=1.386\times10^7\,\mathrm{mm}^4$$

$$\tag{8.37}$$

式(8.28)退化为

$$q=-\frac{S_z}{I_{yy}}\sum_{r=1}^n B_r z_r+q_0=-7.22\times10^{-4}\sum_{r=1}^n B_r z_r+q_0 \tag{8.38}$$

在 23 段"剖"一下造成想象中的开口梁，基础剪流为

$$q_{b,23}=0 \tag{8.39}$$

$$q_{b,34}=-7.22\times10^{-4}\times(400\times100)=-28.9\,\mathrm{N/mm} \tag{8.40}$$

$$q_{b,45}=-28.9-7.22\times10^{-4}\times(100\times50)=-32.5\,\mathrm{N/mm} \tag{8.41}$$

$$q_{b,56}=-32.5-7.22\times10^{-4}\times(-100\times50)=-28.9\,\mathrm{N/mm} \tag{8.42}$$

$$q_{b,67}=-28.9-7.22\times10^{-4}\times(-400\times100)=0 \tag{8.43}$$

$$q_{b,78}=0-7.22\times10^{-4}\times(-250\times100)=18.1\,\mathrm{N/mm} \tag{8.44}$$

$$q_{b,81}=18.1-7.22\times10^{-4}\times(-200\times30)=22.4\,\mathrm{N/mm} \tag{8.45}$$

$$q_{b,12}=22.4-7.22\times10^{-4}\times(200\times30)=18.1\,\mathrm{N/mm} \tag{8.46}$$

对点 O 计算力矩，注意利用式(8.24)的结果

$$0=2\times2\times(0.5\times100\times120)q_{b,34}+2\times(0.5\times100\times120)q_{b,45}+$$

$$2\times2\times(85\times240)q_{b,78}+2\times(0.5\times60\times480)q_{b,81}+2\times97\,200q_0$$

$$\tag{8.47}$$

得

$$q_0=-5.3\,\mathrm{N/mm} \tag{8.48}$$

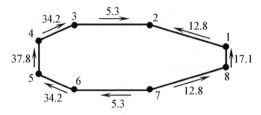

图 8.10　单闭室薄壁梁截面剪流示意图
（单位：N/mm）

利用 $q=q_b+q_0$ 可以求出实际剪流的分布，如图 8.10 所示。

8.2.4　简化对扭转的影响

无论开口还是闭口梁，发生自由扭转时截面上没有正应力，而剪应力都由壁板承担，因此杆板简化

并不会对扭转的分析产生影响。

8.3　薄壁梁在弯剪扭载荷下的挠度计算

本节讨论利用 1.6.3 节所述单位载荷法计算薄壁梁在弯曲、剪切、扭转作用下的挠度。

8.3.1　扭转

在扭矩的作用下，欲求某个转角 Δ_T，则对结构施加功共轭的单位载荷造成如 1.6.3 节单位载荷法部分所述状态(1)，则

$$\Delta_T = \int_L \frac{T_0 T_1}{GJ} \mathrm{d}x \tag{8.49}$$

8.3.2　弯曲

2.3.3 节介绍了在对称弯曲下的挠度求法，本节考虑更普遍的非对称弯曲。式(1.86)演化为

$$\Delta_M = \int_L \left(\int_A \sigma_x^{(1)} \varepsilon_x^{(0)} \mathrm{d}A \right) \mathrm{d}x \tag{8.50}$$

式(4.11)演化为

$$\sigma_x^{(1)} = \frac{I_{yy}M_z^{(1)} - I_{yz}M_y^{(1)}}{I_{yy}I_{zz} - I_{yz}^2} y + \frac{I_{zz}M_y^{(1)} - I_{yz}M_z^{(1)}}{I_{yy}I_{zz} - I_{yz}^2} z \tag{8.51}$$

$$\varepsilon_x^{(0)} = \frac{1}{E} \left(\frac{I_{yy}M_z^{(0)} - I_{yz}M_y^{(0)}}{I_{yy}I_{zz} - I_{yz}^2} y + \frac{I_{zz}M_y^{(0)} - I_{yz}M_z^{(0)}}{I_{yy}I_{zz} - I_{yz}^2} z \right) \tag{8.52}$$

代入式(8.50)得

$$
\begin{aligned}
\Delta_M = & \int_L \frac{1}{E} \Bigg[\int_A \left(\frac{I_{yy}M_z^{(1)} - I_{yz}M_y^{(1)}}{I_{yy}I_{zz} - I_{yz}^2} y + \frac{I_{zz}M_y^{(1)} - I_{yz}M_z^{(1)}}{I_{yy}I_{zz} - I_{yz}^2} z \right) \times \\
& \left(\frac{I_{yy}M_z^{(0)} - I_{yz}M_y^{(0)}}{I_{yy}I_{zz} - I_{yz}^2} y + \frac{I_{zz}M_y^{(0)} - I_{yz}M_z^{(0)}}{I_{yy}I_{zz} - I_{yz}^2} z \right) \Bigg] \mathrm{d}A\,\mathrm{d}x \\
= & \frac{1}{E(I_{yy}I_{zz} - I_{yz}^2)} \int_L \Big[(I_{yy}M_z^{(1)} - I_{yz}M_y^{(1)})(I_{yy}M_z^{(0)} - I_{yz}M_y^{(0)})I_{zz} + \\
& (I_{zz}M_y^{(1)} - I_{yz}M_z^{(1)})(I_{zz}M_y^{(0)} - I_{yz}M_z^{(0)})I_{yy} + \\
& (I_{yy}M_z^{(1)} - I_{yz}M_y^{(1)})(I_{zz}M_y^{(0)} - I_{yz}M_z^{(0)})I_{yz} + \\
& (I_{zz}M_y^{(1)} - I_{yz}M_z^{(1)})(I_{yy}M_z^{(0)} - I_{yz}M_y^{(0)})I_{yz} \Big] \mathrm{d}x
\end{aligned}
\tag{8.53}
$$

该式计算较为烦琐。当截面上的坐标系为惯性主坐标系时，$I_{yz}=0$，式(8.53)退化为

$$\Delta_M = \int_L \left(\frac{M_z^{(1)} M_z^{(0)}}{EI_{zz}} + \frac{M_y^{(1)} M_y^{(0)}}{EI_{yy}} \right) \mathrm{d}x \tag{8.54}$$

8.3.3 剪切

对于受剪的薄壁梁，式(1.86)演变为

$$\Delta_S = \int_L \left(\int_A \tau^{(1)} \gamma^{(0)} \mathrm{d}A \right) \mathrm{d}x = \int_L \left(\int_A \tau^{(1)} \frac{\tau^{(0)}}{G} t \, \mathrm{d}s \right) \mathrm{d}x$$
$$= \int_L \left(\int_A \frac{q^{(1)} q^{(0)}}{Gt} \mathrm{d}s \right) \mathrm{d}x \tag{8.55}$$

例题 8.6

一长度为 2 m 的悬臂梁具有例题 8.3 一样的薄壁槽型截面，在自由端受到通过剪心且竖直向上的剪力 4.8 kN 作用。经过结构简化，壁板承受正应力的有效厚度为零，其实际厚度为 1 mm。材料的杨氏模量 E 和剪切模量 G 分别为 70 GPa 和 30 GPa。请计算自由端的挠度。

解： 将式(8.54)和式(8.55)合并得

$$\Delta = \Delta_M + \Delta_S = \int_L \frac{M_y^{(1)} M_y^{(0)}}{EI_{yy}} \mathrm{d}x + \int_L \left(\int_A \frac{q^{(1)} q^{(0)}}{Gt} \mathrm{d}s \right) \mathrm{d}x \tag{8.56}$$

弯矩为

$$M_y^{(0)} = -4\,800(2\,000-x), \quad M_y^{(1)} = -1(2\,000-x) \tag{8.57}$$

弯曲引起的自由端挠度为

$$\Delta_M = \int_L \frac{M_y^{(1)} M_y^{(0)}}{EI_{yy}} \mathrm{d}x = \int_L \frac{4\,800 \times (2\,000-x)^2}{70\,000 \times 48 \times 10^6} \mathrm{d}x = 3.81 \text{ mm} \tag{8.58}$$

例题 8.3 中已求出截面上的剪流分布，如图 8.6 所示，剪切引起的自由端挠度为

$$\Delta_S = \int_L \left(\int_A \frac{q^{(1)} q^{(0)}}{Gt} \mathrm{d}s \right) \mathrm{d}x$$
$$= \frac{6 \times 6 \times 200 + 12 \times 12 \times 400 + 6 \times 6 \times 200}{30\,000 \times 1} \times \frac{1}{4\,800} \times 2\,000 \tag{8.59}$$
$$= 1 \text{ mm}$$

总挠度为

$$\Delta = \Delta_M + \Delta_S = 4.81 \text{ mm} \tag{8.60}$$

对于薄壁梁而言,剪切引起的挠度相对于弯曲引起的挠度已经不算是小量了,所以通常不能忽略。

8.4 本章习题

习题 8.1

请对图 8.11 所示的截面进行完全的杆板简化,并求解简化后的截面剪心到左侧腹板的距离。

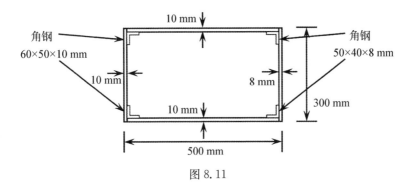

图 8.11

习题 8.2

图 8.12 所示为一关于水平轴对称的单闭室薄壁梁,正应力由杆 $B_1 \sim B_4$ 承担,壁板只承受剪应力。剪切模量均匀。闭室面积为 135 000 mm²,杆的截面积为 $B_1 = B_4 = 450$ mm²,$B_2 = B_3 = 550$ mm²,各段壁面的长度和壁厚如下:12、34 段,长 500 mm,厚 0.8 mm;23 段,长 580 mm,厚 1.0 mm;41 段,长 200 mm,厚 1.2 mm。请计算剪心 S 的位置。

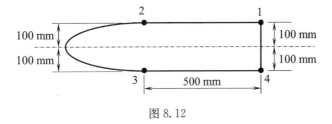

图 8.12

习题 8.3

图 8.13 所示为含有四根杆的矩形截面,杆只承受正应力,蒙皮既承受剪应力又承受正应力。各杆截面积均为 100 mm²。请计算其剪心的位置。

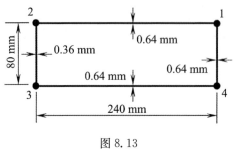

图 8.13

第 9 章 翼梁和箱型梁的分析

从本章开始,我们将进一步细化之前各章节的知识,将其应用到飞机部件的力学分析之中。

9.1 锥型翼梁

之前各章节研究的薄壁梁截面都是均匀的,但是现实中飞机的机身、机翼、尾翼都存在锥度,即截面在轴向或展向按某种规律(通常是线性)伸缩。这样的设计是结构优化的自然结果。

先考虑最简单的平面翼梁情形。在 xz 平面内,一个由上下两根翼缘和中间腹板组成的翼梁,选取轴向长度为 δx 的一段微元,如图 9.1 所示。在轴向坐标 x 处的截面上有弯矩 M_y 和剪力 S_z,上下翼缘的形心间距为 h。为了便于分析锥度的影响,在此做出一个重要的假设:所有的纵向杆只有沿杆向的轴力,没有弯矩、剪力。因此,上下翼缘中的轴力 P_1 和 P_2 都沿着翼缘的方向。

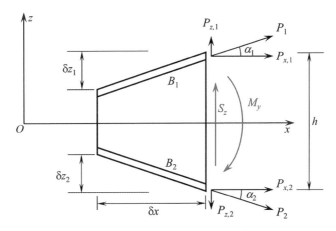

图 9.1 xz 平面内的锥型翼梁示意图

轴力在水平方向的投影 $P_{x,1}$ 和 $P_{x,2}$ 可由正应力乘以截面积求得。如果忽视腹板承受正应力的能力,则可由弯矩直接计算轴力在水平方向的投影

$$P_{x,1} = \frac{M_y}{h}, \quad P_{x,2} = -\frac{M_y}{h} \tag{9.1}$$

轴力在竖直方向的投影为

$$P_{z,1} = P_{x,1}\frac{\delta z_1}{\delta x}, \quad P_{z,2} = -P_{x,2}\frac{\delta z_2}{\delta x} \tag{9.2}$$

对于图 9.1 中所示的锥度,δz_2 为负。

轴力为

$$P_1 = \frac{P_{x,1}}{\cos\alpha_1}, \quad P_2 = \frac{P_{x,2}}{\cos\alpha_2} \tag{9.3}$$

锥度的主要影响在于杆中轴力在截面内的投影将分担一部分剪力

$$S_z = S_{z,w} + P_{z,1} - P_{z,2} \tag{9.4}$$

因此由腹板承担的剪力 $S_{z,w}$ 为

$$S_{z,w} = S_z - P_{x,1}\frac{\delta z_1}{\delta x} - P_{x,2}\frac{\delta z_2}{\delta x} \tag{9.5}$$

如果选择翼缘 1 为弧长起点,则腹板中的剪流为

$$q = -\frac{S_{z,w}}{I_{yy}}\left(\int_0^s t_D z\,\mathrm{d}s + B_1 z_1\right) \tag{9.6}$$

9.2 带锥度的开闭口薄壁梁

机翼、机身通常在与展向、轴向垂直的两个方向上都有锥度,如图 9.2 所示。

第 r 根长桁中的轴力沿 x 轴的分量 $P_{x,r}$ 由弯曲应力 σ_x 及其截面积 B_r 来计算,其他分量和合力则由三角学关系计算

$$P_{x,r} = \sigma_{x,r}B_r, \quad P_{z,r} = P_{x,r}\frac{\delta z_r}{\delta x}, \quad P_{y,r} = P_{x,r}\frac{\delta y_r}{\delta x} = P_{z,r}\frac{\delta y_r}{\delta z} \tag{9.7}$$

$$P = \sqrt{P_{x,r}^2 + P_{y,r}^2 + P_{z,r}^2} \tag{9.8}$$

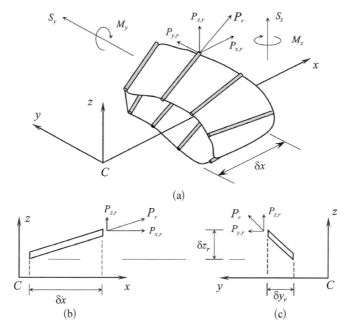

图 9.2　锥型薄壁梁示意图

由腹板承担的剪力 $S_{y,\mathrm{w}}$ 和 $S_{z,\mathrm{w}}$ 满足式(9.9)如下：

$$S_y = S_{y,\mathrm{w}} + \sum_{r=1}^{m} P_{y,r}, \quad S_z = S_{z,\mathrm{w}} + \sum_{r=1}^{m} P_{z,r} \tag{9.9}$$

故

$$S_{y,\mathrm{w}} = S_y - \sum_{r=1}^{m} P_{x,r} \frac{\delta y_r}{\delta x}, \quad S_{z,\mathrm{w}} = S_z - \sum_{r=1}^{m} P_{x,r} \frac{\delta z_r}{\delta x} \tag{9.10}$$

杆板简化后的薄壁梁截面如图 9.3 所示，若截面上的剪力分量为 S_y、S_z，其作

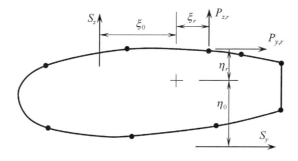

图 9.3　杆板简化后的薄壁梁截面示意图

用线到参考点的距离分别为 ξ_0、η_0，则截面上的力矩平衡为

$$S_y\eta_0 - S_z\xi_0 = \oint q_b p\,\mathrm{d}s + 2Aq_0 - \sum_{r=1}^{m} P_{y,r}\eta_r + \sum_{r=1}^{m} P_{z,r}\xi_r \qquad (9.11)$$

例题 9.1　带锥度的悬臂梁

一个锥度均匀的矩形截面薄壁悬臂梁的截面沿展向即 x 轴均匀收缩，其自由端受到 100 kN 集中力作用，如图 9.4 所示。杆承担了所有的正应力，壁板只承受剪应力。截面上角落处的杆截面积为 900 mm²，中间杆的截面积为 1 200 mm²。请计算各杆中的力以及距离固支端 2 m 处的截面上的剪流分布。

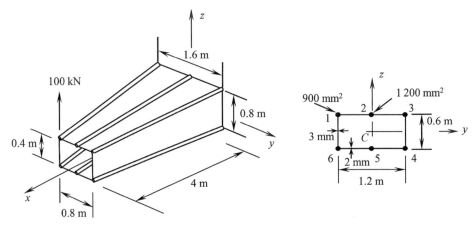

图 9.4　锥　型　梁

解： 由问题描述可知 $S_z=100$ kN，$S_y=0$，$M_y=-100\times2=-200$ kN · m，$M_z=0$。在 $x=2$ m 的截面上，$I_{yz}=0$，因此有

$$\sigma_x = \frac{M_y}{I_{yy}}z \qquad (9.12)$$

其中

$$I_{yy} = 4\times900\times300^2 + 2\times1\,200\times300^2 = 5.4\times10^8\,\mathrm{mm}^4 \qquad (9.13)$$

代入具体数值得

$$\sigma_x = \frac{-200\times10^6}{5.4\times10^8}z = -0.37z \qquad (9.14)$$

因此第 r 根杆中轴力的 x 方向分量为

$$P_{x,r} = -0.37 z_r B_r \tag{9.15}$$

截面上的六根杆的信息如表 9.1 所示。

表 9.1　各杆信息汇总表

杆号 r	1	2	3	4	5	6
$P_{x,r}/\text{kN}$	-100	-133	-100	100	133	100
$\delta y_r/\delta x$	0.1	0	-0.1	-0.1	0	0.1
$\delta z_r/\delta x$	-0.05	-0.05	-0.05	0.05	0.05	0.05
$P_{y,r}/\text{kN}$	-10	0	10	-10	0	10
$P_{z,r}/\text{kN}$	5	6.7	5	5	6.7	5
P_r/kN	-101.3	-133.2	-101.3	101.3	133.2	101.3
ξ_r/m	-0.6	0	0.6	0.6	0	-0.6
η_r/m	0.3	0.3	0.3	-0.3	-0.3	-0.3
$P_{y,r}\eta_r/(\text{kN}\cdot\text{m})$	-3	0	3	3	0	-3
$P_{z,r}\xi_r/(\text{kN}\cdot\text{m})$	-3	0	3	3	0	-3

利用式(9.10)计算得到由壁板承担的剪力

$$S_{y,\text{w}} = 0, \quad S_{z,\text{w}} = 100 - 33.4 = 66.6 \text{ kN} \tag{9.16}$$

剪流的算式(8.28)退化为

$$
\begin{aligned}
q &= -\frac{S_{z,\text{w}}}{I_{yy}} \sum_{r=1}^{n} B_r z_r + q_0 = -\frac{66.6 \times 10^3}{5.4 \times 10^8} \sum_{r=1}^{n} B_r z_r + q_0 \\
&= -1.23 \times 10^{-4} \sum_{r=1}^{n} B_r z_r + q_0
\end{aligned} \tag{9.17}
$$

在界面的左侧腹板 61 上"剖"一刀,并设弧长增加的方向为顺时针,则各段的基础剪流为

$$q_{\text{b},61} = 0 \tag{9.18}$$

$$q_{\text{b},12} = 0 - 1.23 \times 10^{-4} \times 900 \times 300 = -33.2 \text{ N/mm} \tag{9.19}$$

$$q_{\text{b},23} = -33.2 - 1.23 \times 10^{-4} \times 1\,200 \times 300 = -77.5 \text{ N/mm} \tag{9.20}$$

$$q_{\text{b},34} = -77.5 - 1.23 \times 10^{-4} \times 900 \times 300 = -110.7 \text{ N/mm} \tag{9.21}$$

$$q_{b,45} = q_{b,23} = -77.5 \, \text{N/mm}(由对称性可得) \tag{9.22}$$

$$q_{b,56} = q_{b,12} = -33.2 \, \text{N/mm}(由对称性可得) \tag{9.23}$$

注意到轴力的面内分量对截面形心的力矩为零：

$$\sum_{r=1}^{6} P_{y,r}\eta_r = \sum_{r=1}^{6} P_{z,r}\xi_r = 0 \tag{9.24}$$

对截面形心求力矩平衡，有

$$-100 \times 10^3 \times 600 = 2 \times 33.2 \times 600 \times 300 + 2 \times 77.5 \times 600 \times 300 +$$
$$110.7 \times 600 \times 600 + 2 \times 1\,200 \times 600 q_0 \tag{9.25}$$

可得

$$q_0 = -83.1 \, \text{N/mm}(负号表示方向实为顺时针) \tag{9.26}$$

图 9.5 所示为截面上的剪流分布。

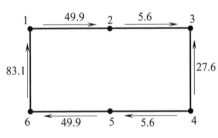

图 9.5　剪流分布(单位：N/mm)

9.3　后掠翼的分析

机翼后掠是提高飞机气动性能的有效措施，目前在役的民机和军机大多使用后掠翼，当然也有一些机型采用了前掠翼，如苏-47"金雕"战斗机。基于本章所述锥型翼梁分析的知识，后掠翼的结构分析只需考虑各杆沿三个方向的方向余弦。

例题 9.2　后掠翼

如果例题 9.1 中的机翼的中垂面，即通过杆 2、5 的竖直平面，发生 20°的后掠，如图 9.6 所示，其他参数和载荷不变，请计算 $x=2$ m 的截面上各杆的轴力和壁面中的剪流分布。

解： $S_z = 100$ kN，$S_y = 0$，$M_y = -100 \times 2 = -200$ kN·m，$M_z = 0$，以及

$$\sigma_x = \frac{-200 \times 10^6}{5.4 \times 10^8} z = -0.37z \tag{9.27}$$

$$P_{x,r} = -0.37z_r B_r \tag{9.28}$$

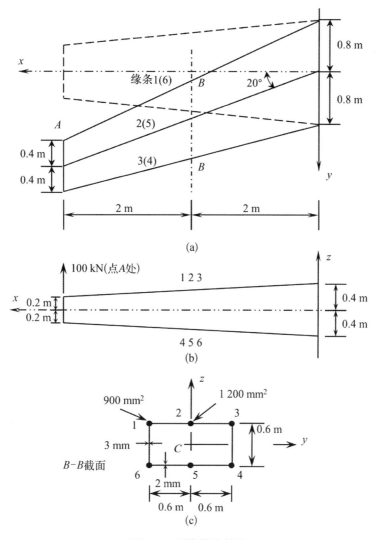

图 9.6　后掠翼示意图

都不受后掠的影响,与例题 9.1 中一致,因此各杆轴力的展向分量 $P_{x,r}$ 都不变。由于后掠是在 xy 平面内执行的,各杆的方向余弦 $\delta y_r / \delta x$ 都发生了变化,但是 $\delta z_r / \delta x$ 不变。重新制作后掠翼各杆信息如表 9.2 所示。

注意到

$$\sum_{r=1}^{6} P_{y,r} = 0, \quad \sum_{r=1}^{6} P_{z,r} = 33.4 \text{ kN} \tag{9.29}$$

表 9.2　后掠翼各杆信息汇总表

杆号 r	1	2	3	4	5	6
$P_{x,r}/\text{kN}$	-100	-133	-100	100	133	100
$\delta y_r/\delta x$	0.47	0.37	0.27	0.27	0.37	0.47
$\delta z_r/\delta x$	-0.05	-0.05	-0.05	0.05	0.05	0.05
$P_{y,r}/\text{kN}$	-47.0	-49.2	-27.0	27.0	49.2	47.0
$P_{z,r}/\text{kN}$	5.0	6.7	5.0	5.0	6.7	5.0
P_r/kN	-110.6	-142.0	-103.7	103.7	142.0	110.6
ξ_r/m	-0.6	0	0.6	0.6	0	-0.6
η_r/m	0.3	0.3	0.3	-0.3	-0.3	-0.3
$P_{y,r}\eta_r/(\text{kN}\cdot\text{m})$	-14.1	-14.8	-8.1	-8.1	-14.8	-14.1
$P_{z,r}\xi_r/(\text{kN}\cdot\text{m})$	-3	0	3	3	0	-3

因此

$$S_{y,\text{w}}=0,\quad S_{z,\text{w}}=100-33.4=66.6\text{ kN} \tag{9.30}$$

请思考：这是巧合吗？由壁板承担的剪力 $S_{z,\text{w}}$ 与无后掠情形相同，因此基础剪流的分布仍为式(9.18)～式(9.23)所示。

后掠使得施加在自由端的剪力的作用线位置发生了变化，此时在 $x=2$ m 的截面上，剪力 S_z 的作用线位于截面形心右侧 0.33 m。由表 9.2 可知，杆中轴力对截面形心 C 的力矩并不为零：

$$\sum_{r=1}^{6}P_{y,r}\eta_r=-74.0\text{ kN}\cdot\text{m},\quad \sum_{r=1}^{6}P_{z,r}\xi_r=0 \tag{9.31}$$

因此由式(9.11)可得力矩平衡为

$$100\times10^3\times330=2\times33.2\times600\times300+2\times77.5\times600\times300+$$
$$110.7\times600\times600+74.0\times10^6+2\times1\,200\times600q_0 \tag{9.32}$$

解之得

$$q_0=-83.8\text{ N/mm} \tag{9.33}$$

与无后掠情形相比稍有变化。截面剪流如图 9.7 所示。

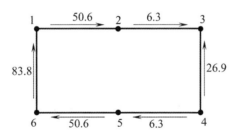

图 9.7 后掠翼截面剪流(单位：N/mm)

9.4 本章习题

习题 9.1

如图 9.8 所示的翼梁受到集度为 15 kN/m 的均布载荷作用。上、下缘条的截面积均为 500 mm², 其中上缘条位于水平方向。如果缘条承受所有的轴力, 而腹板只承受剪力, 请计算距离自由端 1 m 和 2 m 的两个截面上的上、下缘条轴力和腹板中的剪流。

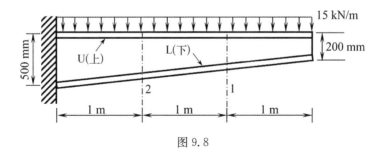

图 9.8

第 10 章　机身的分析

从结构的角度而言,机身实为一个由纵向的桁条和横向的框加强的薄壁圆柱壳。严格地说,即使经过杆板简化,我们也应该用板壳理论对其进行力学分析,但是在初步的设计工作中,可以用前几章讲述的工程梁理论进行分析,在较短的时间内给出一个可用的结果。

为了便于分析,作出如下假设:① 相邻桁条的间距比较小;② 桁条承受所有的正应力,蒙皮只承受剪应力;③ 如果考虑蒙皮承受正应力的能力,则通过8.1 节所述办法将其化作杆的截面积。

10.1　机身的弯曲

机身的弯曲正应力仍可以用式(4.11)计算

$$\sigma_x = \frac{I_{yy}M_z - I_{yz}M_y}{I_{yy}I_{zz} - I_{yz}^2}y + \frac{I_{zz}M_y - I_{yz}M_z}{I_{yy}I_{zz} - I_{yz}^2}z \tag{4.11}$$

$$= \frac{I_{zz}z - I_{yz}y}{I_{yy}I_{zz} - I_{yz}^2}M_y + \frac{I_{yy}y - I_{yz}z}{I_{yy}I_{zz} - I_{yz}^2}M_z$$

但须注意,计算截面形心位置和形心坐标系中的惯性矩分量时,只考虑承受正应力的部分。

例题 10.1　机身杆板模型的弯曲应力

一种轻型客机的机身具有如图 10.1 左图所示的截面,蒙皮厚度为 0.8 mm,各桁条的截面积为 100 mm²,相邻两根桁条之间的蒙皮长度为 149.6 mm。如果机身在该截面处受到弯矩 $M_y = 200$ kN · m 的作用,请计算正应力 σ_x 的分布。

解: 注意到整个截面关于 y 轴和 z 轴对称,因此 $I_{yz} = 0$,再加上 $M_y = 0$,因此式(4.11)退化为

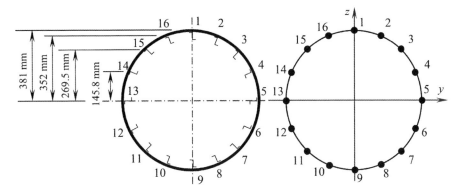

图 10.1 机身截面简化示意图

$$\sigma_x = \frac{M_z}{I_{yy}}z \tag{10.1}$$

反复利用式(8.2),将各段蒙皮承受正应力的能力简化为杆的截面积,再加上桁条的截面积,获得简化后杆的截面积。例如杆 1 的截面积为

$$B_1 = 100 + \frac{0.8 \times 149.6}{6}\left(2 + \frac{352}{381}\right) \times 2 = 216.6 \text{ mm}^2 \tag{10.2}$$

类似地,$B_2 = 216.6 \text{ mm}^2$,$B_3 = 216.6 \text{ mm}^2$,$B_4 = 216.7 \text{ mm}^2$。注意到,杆 5 和 13 坐落在中性轴上,在 M_z 的作用下正应力为零,因此认为 $B_5 = B_{13} = 0$。则惯性矩 I_{yy} 为

$$
\begin{aligned}
I_{yy} = {} & 2 \times 216.6 \times 381.0^2 + 4 \times 216.6 \times 352.0^2 + \\
& 4 \times 216.6 \times 269.5^2 + 4 \times 216.7 \times 145.8^2 \\
= {} & 2.52 \times 10^8 \text{ mm}^4
\end{aligned} \tag{10.3}
$$

将其代入式(10.1)可得各杆中的正应力,此处略去。

10.2 机身的剪切与扭转

机身的大部分位置没有开口,因此机身可以视为闭口薄壁梁。根据 5.4 节知识可知,剪力在闭口薄壁梁中引起的剪流可由式(8.27)计算

$$
\begin{aligned}
q = {} & -\left(\frac{I_{yy}S_y - I_{yz}S_z}{I_{yy}I_{zz} - I_{yz}^2}\right)\left(\int_0^s t_D y \mathrm{d}s + \sum_{r=1}^n B_r y_r\right) - \\
& \left(\frac{I_{zz}S_z - I_{yz}S_y}{I_{yy}I_{zz} - I_{yz}^2}\right)\left(\int_0^s t_D z \mathrm{d}s + \sum_{r=1}^n B_r z_r\right) + q_0
\end{aligned} \tag{8.27}
$$

而扭矩在闭口薄壁梁中引起的剪流为分段常数,在单闭室闭口梁中的剪流由式(6.3)计算

$$q = \frac{T}{2A} \tag{6.3}$$

若剪力不通过闭口薄壁梁的剪心,则可以等效为通过剪心的剪力与扭矩的叠加。

例题 10.2 机身杆板模型中的剪流

若例题10.1中的机身受到大小为100 kN的竖直方向剪力作用,剪力作用线在竖直对称轴右侧150 mm处(见图10.2)。请计算截面上的剪流分布。

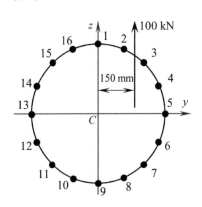

图 10.2 机身截面受剪示意图

解: 由于 $I_{yz}=0$, $S_y=0$,式(8.27)退化为

$$q = -\frac{S_z}{I_{yy}} \sum_{r=1}^{n} B_r z_r + q_0 \tag{10.4}$$

代入 $I_{yy}=2.52 \times 10^8 \text{ mm}^4$, $S_z=100 \text{ kN}$,得

$$q = -\frac{100 \times 10^3}{2.52 \times 10^8} \sum_{r=1}^{n} B_r z_r + q_0$$

$$= -3.97 \times 10^{-4} \sum_{r=1}^{n} B_r z_r + q_0 \tag{10.5}$$

选取12段中某一点为弧长起点,取顺时针为弧长增加的方向,利用式(10.5)计算各段蒙皮中的基础剪流如表10.1所示。

表 10.1 后段蒙皮与各杆信息

蒙皮两端杆号		杆号 r	B_r/mm^2	z_r/mm	$q_b/(\text{N/mm})$
1	2	—	—	—	0
2	3	2	216.6	352.0	−30.3
3	4	3	216.6	269.5	−53.5
4	5	4	216.7	145.8	−66.0
5	6	5	—	0	−66.0
6	7	6	216.7	−145.8	−53.5

（续表）

蒙皮两端杆号		杆号 r	B_r/mm^2	z_r/mm	$q_b/(\mathrm{N/mm})$
7	8	7	216.6	-269.5	-30.3
8	9	8	216.6	-352.0	0
1	16	1	216.6	381.0	-32.8
16	15	16	216.6	352.0	-63.1
15	14	15	216.6	269.5	-86.3
14	13	14	216.6	145.8	-98.8
13	12	13	—	0	-98.8
12	11	12	216.7	-145.8	-86.3
11	10	11	216.6	-269.5	-63.1
10	9	10	216.6	-352.0	-32.8

注意到基础剪流关于横轴 Cy 对称。

剪力对形心 C 的力矩应与剪流对形心 C 的力矩相等,即

$$100 \times 10^3 \times 150 = \oint q_b p \, \mathrm{d}s + 2Aq_0 \tag{10.6}$$

式中,取逆时针为力矩的正方向,闭室面积 $A = \pi \times 381.0^2 = 4.56 \times 10^5 \ \mathrm{mm}^2$。各段蒙皮基础剪流对 C 的力矩可用式(8.24)计算,注意到各段蒙皮对点 C 的扇性面积均为 $A/16 = 28\,500 \ \mathrm{mm}^2$。则式(10.6)转变为

$$100 \times 10^3 \times 150 = 2 \times 28\,500 \times (-q_{b,12} - q_{b,23} - \cdots -$$
$$q_{b,16,1}) + 2 \times 4.56 \times 10^5 q_0 \tag{10.7}$$

得

$$q_0 = 32.8 \ \mathrm{N/mm}(逆时针) \tag{10.8}$$

各段的剪流分布可由基础剪流加上 q_0 计算求得,结果如图 10.3 所示。

剪流的分布大致上符合预期。作为定量的验证,可用式(8.22)计算各段蒙皮剪流在 z 方向的作用力合力,并加和得到:

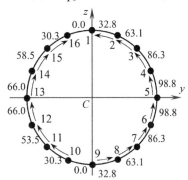

图 10.3　机身截面剪流分布
（单位：N/mm）

$$2 \times \begin{bmatrix} (98.8 + 66.0) \times 145.8 + (86.3 + 53.5) \times 123.7 + \\ (63.1 + 30.3) \times 82.5 + (32.8 - 0) \times 29.0 \end{bmatrix} \times 10^{-3}$$

$$= 99.96 \text{ kN(逆时针)} \tag{10.9}$$

与施加的剪力值 100 kN 吻合。

例题 10.3　偏离剪心的剪力等效为过剪心的剪力与扭矩的叠加

将例题 10.2 中的剪力静力等效为通过剪心 C 的剪力与扭矩 T 的叠加,再求解剪流的分布。

解: 扭矩 $T = 100 \times 10^3 \times 150 = 1.5 \times 10^7$ N·mm,其造成的剪流为

$$q_T = \frac{T}{2A} = \frac{1.5 \times 10^7}{2 \times 4.56 \times 10^5} = 16.4 \text{ N/mm} \tag{10.10}$$

过剪心 C 的剪力 100 kN 造成的剪流也可以按照例题 10.2 的方法进行分析,但更快捷的做法是充分利用对称性简化计算。当剪力 S_z 通过剪心时,整个截面的剪流关于 y、z 两轴均对称,因此只计算一个象限中的剪流即可。

由式(8.13)可知

$$-q_{s,16,1} - q_{s,21} = -\frac{S_z}{I_{yy}} B_1 z_1 \tag{10.11}$$

注意到由于对称性有 $q_{s,21} = q_{s,16,1}$,代入式(10.11)可求得

$$q_{s,21} = q_{s,16,1} = q_{s,9,10} = q_{s,9,8}$$

$$= \frac{1}{2} \frac{S_z}{I_{yy}} B_1 z_1 = \frac{100 \times 10^3}{2 \times 2.52 \times 10^8} \times 216.6 \times 381 = 16.4 \text{ N/mm}$$

$$\tag{10.12}$$

进而可以顺次求解各段蒙皮由过剪心的剪力造成的剪流如下:

$$q_{s,32} = q_{s,15,16} = q_{s,10,11} = q_{s,8,7}$$

$$= q_{s,21} + \frac{S_z}{I_{yy}} B_2 z_2 = 16.4 + \frac{100 \times 10^3}{2.52 \times 10^8} \times 216.6 \times 352 = 46.7 \text{ N/mm}$$

$$\tag{10.13}$$

$$q_{s,43} = q_{s,14,15} = q_{s,76} = q_{s,11,12}$$

$$= q_{s,32} + \frac{S_z}{I_{yy}} B_3 z_3 = 46.7 + \frac{100 \times 10^3}{2.52 \times 10^8} \times 216.6 \times 269.5 = 69.9 \text{ N/mm}$$

$$\tag{10.14}$$

$$q_{s,54} = q_{s,13,14} = q_{s,65} = q_{s,12,13}$$

$$= q_{s,43} + \frac{S_z}{I_{yy}} B_4 z_4 = 69.9 + \frac{100 \times 10^3}{2.52 \times 10^8} \times 216.7 \times 145.8 = 82.4 \text{ N/mm}$$

$$(10.15)$$

实际剪流就等于式(10.12)～式(10.15)与式(10.10)所计算的由扭矩造成的剪流之和。例如

$$q_{21} = 16.4 + 16.4 = 32.8 \text{ N/mm} \tag{10.16}$$

$$q_{13,14} = 82.4 - 16.4 = 66.0 \text{ N/mm} \tag{10.17}$$

具体计算时须仔细判别剪流的方向。

10.3　本章习题

习题 10.1

图 10.4 所示为经过杆板简化的某机身截面,其中杆只承受正应力,蒙皮只承受剪应力。各杆截面积均为 150 mm²。截面上在距离竖直对称面左侧 250 mm 处受到大小为 50 kN 的剪力作用。请将实际施加的剪力等效为通过剪心的剪力与扭矩的叠加,计算截面中的剪流分布。

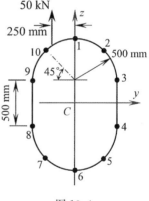

图 10.4

第 11 章　机翼：多闭室薄壁梁的弯剪扭

　　机翼是为飞机提供升力的主要部件，也是气动载荷作用最为剧烈的地方，因此是结构与强度工作者最关注的飞机部件。由于展向尺寸通常远大于弦向尺寸，因此机翼可视作梁进行分析。机翼最外侧包覆以蒙皮，主要作用是提供气动外形并承受剪切、扭转造成的截面内剪应力。弯矩在机翼中引起的轴向（即展向）正应力主要由主梁、前墙、后墙和用作纵向加强筋的桁条等结构承担。蒙皮也能承受一部分的正应力，但是由于蒙皮较薄，通常可以忽略，也可以在结构简化过程中将蒙皮承受正应力的能力融入杆件的截面积之中。

　　与前述章节一样，我们通常将机翼简化为杆板结构再进行力学分析。经过对机翼结构的观察，可知简化后的机翼相当于一个多闭室的闭口薄壁梁，因此可运用第 4～8 章的知识进行计算。

11.1　机翼的弯曲

　　弯曲应力仍按式(4.11)计算

$$
\begin{aligned}
\sigma_x &= \frac{I_{yy}M_z - I_{yz}M_y}{I_{yy}I_{zz} - I_{yz}^2}y + \frac{I_{zz}M_y - I_{yz}M_z}{I_{yy}I_{zz} - I_{yz}^2}z \\
&= \frac{I_{zz}z - I_{yz}y}{I_{yy}I_{zz} - I_{yz}^2}M_y + \frac{I_{yy}y - I_{yz}z}{I_{yy}I_{zz} - I_{yz}^2}M_z
\end{aligned}
\tag{4.11}
$$

注意，计算截面形心位置和形心坐标系中的惯性矩分量时，只考虑承受正应力的部分。

例题 11.1　某机翼的弯曲应力

图 11.1 所示的机翼被简化为杆板结构，且所有正应力均由杆承担。若机翼

在该截面受到 $M_y = 300 \text{ kN} \cdot \text{m}$ 的弯矩作用,请计算各杆中的正应力。各杆的截面积如下：$B_1 = B_6 = 2\,580 \text{ mm}^2$,$B_2 = B_5 = 3\,880 \text{ mm}^2$,$B_3 = B_4 = 3\,230 \text{ mm}^2$。

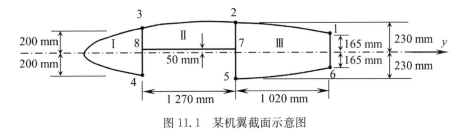

图 11.1　某机翼截面示意图

解：注意到承受正应力的杆关于 y 轴对称,因此有 $I_{yz} = 0$。另外 $M_z = 0$,所以正应力为

$$\sigma_x = \frac{M_y}{I_{yy}} z \tag{11.1}$$

其中

$$I_{yy} = 2(2\,580 \times 165^2 + 3\,880 \times 230^2 + 3\,230 \times 200^2) = 8.09 \times 10^8 \text{ mm}^4 \tag{11.2}$$

代入式(11.1)得

$$\sigma_x = \frac{300 \times 10^6}{8.09 \times 10^8} z = 0.371 z \tag{11.3}$$

各杆的应力如表 11.1 所示。

表 11.1　各杆信息汇总表

杆号 r	z/mm	σ_z/MPa
1	165	61.2
2	230	85.3
3	200	74.2
4	−200	−74.2
5	−230	−85.3
6	−165	−61.2

11.2　机翼的扭转

作用在机翼上的气动力造成的合剪力一般不通过截面的剪心,此时剪力可静力等效为通过剪心的剪力和扭矩的叠加。本节计算机翼在扭矩 T 作用下的扭转变形以及截面内的剪流分布。

如本章开头所述,经过杆板简化后的机翼可视为多闭室闭口薄壁梁,设机翼有 N 个闭室,其受剪部分如图 11.2 所示。注意到,式(6.1)对于每一块壁板或蒙皮仍然成立,因此剪流在各段壁面上为常数。而且,剪流在多段壁面的交汇节点处满足"守恒定律",即汇入该节点的总剪流等于流出该节点的总剪流,具体见习题 7.2。

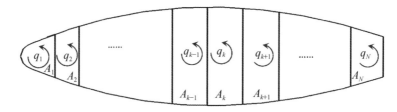

图 11.2　多闭室闭口薄壁梁受扭示意图

设闭室 k 分担的扭矩造成的剪流为 q_k,其壁板所包围的面积为 A_k,则其分担的扭矩为 $2A_kq_k$,总扭矩为

$$T = 2\sum_{k=1}^{N} A_kq_k \tag{11.4}$$

假设截面的变形仍然遵循刚周边假设,即整个截面在面内做刚体运动,则所有闭室的扭率 $\dfrac{\mathrm{d}\theta}{\mathrm{d}x}$ 相同,由式(5.63)计算得

$$\frac{\mathrm{d}\theta}{\mathrm{d}x} = \frac{1}{2A_k}\oint_k \frac{q}{Gt}\mathrm{d}s \tag{11.5}$$

式(11.5)中的积分环路为第 k 个闭室的壁板,q 为壁板中的实际剪流,而不仅仅是该闭室分担的扭矩造成的剪流 q_k。考虑到各段壁板的剪切模量不一定相同,选取某个参考剪切模量 G_{REF},并定义修正厚度 t^* 为

$$t^* = \frac{G}{G_{\text{REF}}}t \tag{11.6}$$

则式(11.5)可写为

$$\frac{\mathrm{d}\theta}{\mathrm{d}x} = \frac{1}{2A_k G_{\mathrm{REF}}} \oint_k q \, \frac{\mathrm{d}s}{(G/G_{\mathrm{REF}})t} = \frac{1}{2A_k G_{\mathrm{REF}}} \oint_k q \, \frac{\mathrm{d}s}{t^*} \tag{11.7}$$

由于各段壁板中的剪流分别为常数,定义如下积分 δ,

$$\delta = \int \frac{\mathrm{d}s}{t^*} \tag{11.8}$$

可见若该段壁板的厚度均匀,则 δ 为壁板的长厚比。式(11.5)进一步简化为

$$\frac{\mathrm{d}\theta}{\mathrm{d}x} = \frac{1}{2A_k G_{\mathrm{REF}}} \sum_m q_m \delta_m \tag{11.9}$$

式中,m 为环路中的壁板指标,对于如图 11.3 所示的第 k 闭室,$m=1,2,3,4$。

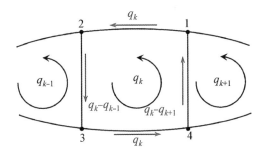

图 11.3　第 k 个闭室的剪流示意图

第 k 个闭室及相邻两侧闭室中的剪流如图 11.3 所示。

式(11.9)可进一步展开为

$$\frac{\mathrm{d}\theta}{\mathrm{d}x} = \frac{1}{2A_k G_{\mathrm{REF}}} \big[q_k \delta_{12} + (q_k - q_{k-1})\delta_{23} + q_k \delta_{34} + (q_k - q_{k+1})\delta_{41} \big]$$

$$= \frac{1}{2A_k G_{\mathrm{REF}}} \big[-q_{k-1}\delta_{23} + q_k(\delta_{12} + \delta_{23} + \delta_{34} + \delta_{41}) - q_{k+1}\delta_{41} \big]$$

$$\tag{11.10}$$

可将其泛化为一般情形

$$\frac{\mathrm{d}\theta}{\mathrm{d}x} = \frac{1}{2A_k G_{\mathrm{REF}}} \big(-q_{k-1}\delta_{k,k-1} + q_k \delta_k - q_{k+1}\delta_{k,k+1} \big), \quad k=1,\cdots,N$$

$$\tag{11.11}$$

式中，δ_k 为绕第 k 个闭室周边的积分，$\delta_{k,k-1}$ 为沿着第 k 和第 $k-1$ 个闭室共同边的积分，$\delta_{k,k+1}$ 为沿着第 k 和第 $k+1$ 个闭室共同边的积分。如果第 k 个闭室是最左或最右侧的闭室，则相应的共同边积分为零。

至此，我们共有剪流 q_1，$\cdots$，q_N 和扭率 $\dfrac{\mathrm{d}\theta}{\mathrm{d}x}$ 共 $N+1$ 个未知数，以及式(11.11)和式(11.4)共 $N+1$ 个线性无关的代数方程，因此方程是可解的。

例题 11.2　受扭机翼的剪流

图 11.4 所示的机翼承受扭矩 11 300 N·m，请利用表 11.2 中的数据，计算机翼的扭率和截面上的剪流分布。三个闭室的面积分别为 $A_{\mathrm{I}}=258\,000\ \mathrm{mm}^2$，$A_{\mathrm{II}}=355\,000\ \mathrm{mm}^2$，$A_{\mathrm{III}}=161\,000\ \mathrm{mm}^2$。

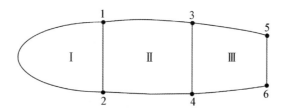

图 11.4　受扭机翼截面示意图

表 11.2　受扭机翼截面信息表

壁　　板	长度/mm	厚度 t/mm	G/MPa	修正厚度 t^*/mm	δ
外侧 12	1 650	1.22	24 200	1.07	1 542
内侧 12	508	2.03	27 600	2.03	250
13,24	775	1.22	24 200	1.07	724
34	380	1.63	27 600	1.63	233
35,46	508	0.92	20 700	0.69	736
56	254	0.92	20 700	0.69	368

解： 选取最大的剪切模量作为参考模量，各段壁板的修正厚度 t^*，以及各段的 δ 如表 11.2 所示。

分别针对三个闭室列写方程式(11.11)如下：

$$\frac{\mathrm{d}\theta}{\mathrm{d}x}=\frac{1}{2\times258\,000\times27\,600}\big[q_{\mathrm{I}}(1\,542+250)-q_{\mathrm{II}}250\big] \qquad (11.12)$$

$$\frac{\mathrm{d}\theta}{\mathrm{d}x}=\frac{-q_{\mathrm{I}}\,250+q_{\mathrm{II}}\,(250+724+233+724)-q_{\mathrm{III}}\,233}{2\times355\,000\times27\,600} \tag{11.13}$$

$$\frac{\mathrm{d}\theta}{\mathrm{d}x}=\frac{1}{2\times161\,000\times27\,600}\big[-q_{\mathrm{II}}\,233+q_{\mathrm{III}}\,(233+736+368+736)\big] \tag{11.14}$$

总扭矩由式(11.4)与三个闭室的剪流相关联

$$11\,300\times1\,000=2(258\,000q_{\mathrm{I}}+355\,000q_{\mathrm{II}}+161\,000q_{\mathrm{III}}) \tag{11.15}$$

联立式(11.12)～式(11.15)，解得剪流

$$q_{\mathrm{I}}=7.1\,\mathrm{N/mm},\quad q_{\mathrm{II}}=8.9\,\mathrm{N/mm},\quad q_{\mathrm{III}}=4.2\,\mathrm{N/mm} \tag{11.16}$$

和扭率

$$\frac{\mathrm{d}\theta}{\mathrm{d}x}=7.37\times10^{-7}\,\mathrm{rad/mm} \tag{11.17}$$

截面上的剪流分布如图 11.5 所示。

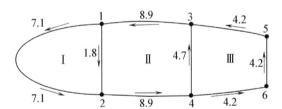

图 11.5　受扭机翼截面剪流分布(单位：N/mm)

注意到，扭矩在闭室中造成的剪流是常数，且不受杆的影响，因此在求解机翼截面内由扭矩造成的剪流时，我们只考虑壁板。

11.3　机翼的剪切

求解剪力在闭口薄壁梁中造成的剪流所基于的公式仍然是

$$q=-\left(\frac{I_{yy}S_y-I_{yz}S_z}{I_{yy}I_{zz}-I_{yz}^2}\right)\sum_{r=1}^{n}B_ry_r-\left(\frac{I_{zz}S_z-I_{yz}S_y}{I_{yy}I_{zz}-I_{yz}^2}\right)\sum_{r=1}^{n}B_rz_r+q_0 \tag{8.28}$$

与前述章节类似，为求解式(8.28)中的常数项，需要在壁板中择一恰当位置"切

口",形成虚拟的开口梁,最终利用力矩平衡计算切口处的剪流。

由于经过杆板简化后的机翼截面是多闭室闭口薄壁梁,因此在每个闭室中都需要切口,且切口处的剪流记作 $q_{0,k}$,$k = 1$,$\cdots$,N。 为方便计,通常在各个闭室的上、下蒙皮部位切口。这样有两个好处,一是常数项剪流通常比较小,因此实际剪流与基础剪流差别不大,二是在机翼截面关于翼弦对称的特殊情形下,在上(下)蒙皮切口将使得对称部位的下(上)蒙皮中基础剪流也为零,为后续计算带来便利。

此时同样需要沿各闭室周边积分计算扭率 $\dfrac{\mathrm{d}\theta}{\mathrm{d}x}$,对于第 k 闭室有

$$
\begin{aligned}
\frac{\mathrm{d}\theta}{\mathrm{d}x} &= \frac{1}{2A_k} \oint_k \frac{q}{Gt} \mathrm{d}s = \frac{1}{2A_k G_{\mathrm{REF}}} \oint_k \frac{q_b + q_{0,k}}{t^*} \mathrm{d}s \\
&= \frac{1}{2A_k G_{\mathrm{REF}}} \left(-q_{k-1}\delta_{k,k-1} + q_k\delta_k - q_{k+1}\delta_{k,k+1} + \oint_k \frac{q_b}{t^*}\mathrm{d}s \right)
\end{aligned}
\tag{11.18}
$$

式(11.18)包含 N 个方程,由于有 $N+1$ 个未知数,因此还需要一个力矩平衡方程,即剪流对某个点的力矩等于剪力对该点的力矩:

$$
S_y\eta_0 - S_z\xi_0 = \sum_{k=1}^{N} \oint_k q_b p_0 \mathrm{d}s + \sum_{k=1}^{N} 2A_k q_{0,k}
\tag{11.19}
$$

例题 11.3 受剪机翼的剪流

例题 11.1 中的机翼截面受到经过竖直腹板 572 的剪力 86.8 kN 的作用,如图 11.6 所示。机翼被简化为杆板结构,且所有正应力均由杆承担。各段壁板的剪切模量均为 27 600 MPa,除了 78 段的剪切模量为其三倍。请计算截面中的剪流分布,以及截面的扭率。各杆的截面积:$B_1 = B_6 = 2\,580\ \mathrm{mm}^2$,$B_2 = B_5 = 3\,880\ \mathrm{mm}^2$,$B_3 = B_4 = 3\,230\ \mathrm{mm}^2$。各闭室周边包围的面积:$A_{\mathrm{I}} = 265\,000\ \mathrm{mm}^2$,$A_{\mathrm{II}} = 213\,000\ \mathrm{mm}^2$,$A_{\mathrm{III}} = 413\,000\ \mathrm{mm}^2$。各段壁板的信息如表 11.3 所示。

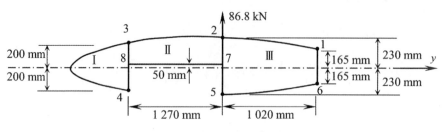

图 11.6　某机翼截面示意图

表 11.3　受剪机翼截面信息表

壁　板	长度/mm	厚度 t/mm
12，56	1 023	1. 22
23	1 274	1. 63
34	2 200	2. 03
483	400	2. 64
572	460	2. 64
61	330	1. 63
78	1 270	1. 22

解: 计算各段壁板的积分 δ, 列于表 11.4 中。注意到由于 78 段的存在, 38 段和 84 段、27 段和 75 段要分开计算。

表 11.4　受剪机翼截面壁板信息表

壁　板	长度/mm	厚度 t/mm	G/MPa	修正厚度 t^*/mm	δ
12,56	1 023	1. 22	27 600	1. 22	839
23	1 274	1. 63	27 600	1. 63	782
34	2 200	2. 03	27 600	2. 03	1 084
38	150	2. 64	27 600	2. 64	57
84	250	2. 64	27 600	2. 64	95
27	180	2. 64	27 600	2. 64	174
75	280	2. 64	27 600	2. 64	106
61	330	1. 63	27 600	1. 63	202
78	1 270	1. 22	82 800	3. 66	347

在各闭室的上方蒙皮处切口, 即在 12、23、34 段切口, 考虑到 $I_{yz}=0$, $S_z=0$, 则基础剪流的计算公式退化为

$$q_{\mathrm{b}} = -\frac{S_z}{I_{yy}} \sum_{r=1}^{n} B_r z_r \tag{11.20}$$

在例题 11.1 中已算得 $I_{yy}=8.09\times10^8$ mm^4, 代入式(11.20)得

$$q_{\mathrm{b}} = -\frac{86.8\times10^3}{8.09\times10^8} \sum_{r=1}^{n} B_r z_r = -1.07\times10^{-4} \sum_{r=1}^{n} B_r z_r \tag{11.21}$$

由于 $q_{b,12}=q_{b,23}=q_{b,34}=0$，可用式(11.21)计算各段的基础剪流如下：

$$q_{b,27}=-1.07\times10^{-4}\times3\,880\times230=-95.5\,\text{N/mm} \qquad (11.22)$$

$$q_{b,16}=-1.07\times10^{-4}\times2\,580\times165=-45.5\,\text{N/mm} \qquad (11.23)$$

$$q_{b,65}=-45.5-1.07\times10^{-4}\times2\,580\times(-165)\approx0\,\text{N/mm} \qquad (11.24)$$

$$q_{b,57}=-1.07\times10^{-4}\times3\,880\times(-230)=95.5\,\text{N/mm} \qquad (11.25)$$

$$q_{b,38}=-1.07\times10^{-4}\times3\,230\times200=-69.1\,\text{N/mm} \qquad (11.26)$$

$$q_{b,48}=-1.07\times10^{-4}\times3\,230\times(-200)=69.1\,\text{N/mm} \qquad (11.27)$$

因为 $q_{b,83}=q_{b,48}$，$q_{b,72}=q_{b,57}$，则 $q_{b,78}=0$。现利用式(11.18)对三个闭室计算扭率如下：

$$\frac{\text{d}\theta}{\text{d}x}=\frac{1}{2\times265\,000G_{\text{REF}}}\left[q_{0,\text{I}}(1\,084+95+57)-57q_{0,\text{II}}+69.1\times(57+57)\right]$$

$$(11.28)$$

$$\frac{\text{d}\theta}{\text{d}x}=\frac{1}{2\times213\,000G_{\text{REF}}}\left[-57q_{0,\text{I}}+q_{0,\text{II}}(782+57+\right.$$
$$\left.347+68)-68q_{0,\text{III}}+95.5\times68-69.1\times57\right] \qquad (11.29)$$

$$\frac{\text{d}\theta}{\text{d}x}=\frac{1}{2\times413\,000G_{\text{REF}}}\left[-68q_{0,\text{II}}+q_{0,\text{III}}(839+68+106+\right.$$
$$\left.839+202)+45.5\times202-95.5\times68-95.5\times106\right] \qquad (11.30)$$

在式(11.28)～式(11.30)中，计算基础剪流的积分项时，必须注意选定环路的方向，并相应地调整剪流的正负号。

对壁板 572 与 y 轴的交点计算力矩平衡，则有

$$0=-69.1\times250\times1\,270-69.1\times150\times1\,270+45.5\times330\times$$
$$1\,020+2\times265\,000q_{0,\text{I}}+2\times213\,000q_{0,\text{II}}+2\times413\,000q_{0,\text{III}}$$

$$(11.31)$$

求解式(11.28)～式(11.31)，得

$$q_{0,\text{I}}=4.9\,\text{N/mm},\quad q_{0,\text{II}}=9.3\,\text{N/mm},\quad q_{0,\text{III}}=16.0\,\text{N/mm}$$

$$(11.32)$$

以及扭率

$$\frac{\mathrm{d}\theta}{\mathrm{d}x} = 1.09 \times 10^{-6} \text{ rad/mm} \tag{11.33}$$

剪流分布可由基础剪流和各切口处剪流求和得到。

11.4　本章习题

习题 11.1

某型机翼承受剪流的部分经简化后形成如图 11.7 所示的四闭室闭口薄壁梁，材料的剪切模量 $G = 27\,600$ MPa，各闭室面积分别为 $A_{\mathrm{I}} = 161\,500 \text{ mm}^2$，$A_{\mathrm{II}} = 291\,000 \text{ mm}^2$，$A_{\mathrm{III}} = 291\,000 \text{ mm}^2$，$A_{\mathrm{IV}} = 226\,000 \text{ mm}^2$。请利用表 11.5 中的数据，确定该机翼的扭转刚度。

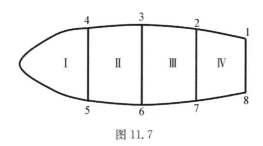

图 11.7

表 11.5　机翼截面壁板信息表

壁　　板	12,78	23,67	34,56	外侧 45	内侧 45	36	27	18
长度/mm	762	812	812	1 525	356	406	356	254
厚度/mm	0.915	0.915	0.915	0.711	1.220	1.625	1.220	0.915

习题 11.2

杆板简化后的某双闭室机翼截面如图 11.8 所示。截面受到经过腹板 25 的剪力 44.5 kN，请计算截面内的剪流分布。各壁板的剪切模量相同。闭室面积：$A_{\mathrm{I}} = 232\,000 \text{ mm}^2$，$A_{\mathrm{II}} = 258\,000 \text{ mm}^2$，其他信息如表 11.6 所示。

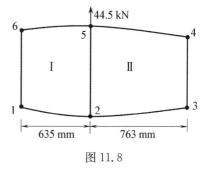

图 11.8

表 11.6　机翼截面信息表

壁　板	长度/mm	厚度/mm	杆	截面积/mm²
16	254	1.625	1,6	1 290
25	406	2.032	2,5	1 936
34	202	1.220	3,4	645
12,56	647	0.915		
23,45	775	0.559		

第 12 章　机身框和翼肋的分析

由于纵向的加强筋（如长桁）在受压时容易失稳，所以在机身上通过每隔一定距离布置一定的隔框、隔板来增加横向的约束，在机翼上则是通过布置翼肋来实现的。另外，蒙皮很薄，因此只适合承担分布载荷，面外的集中载荷（如发动机、副油箱等挂载）需要通过翼肋或者隔框来直接承担，然后再扩散到桁条和蒙皮上。

不论是隔框还是翼肋，本身都是以金属薄板为基础制成的，因此需要敷设加强筋以将集中载荷分布到腹板上，特别是对于集中力作用在板内的情形，加强筋必须与力的方向相一致。如果这一点难以实现，则至少应该使力作用在两根加强筋的交点上，以实现力的分担。

总之，隔框和翼肋最终都可以简化为杆板结构进行分析。

12.1　杆板结构在面内载荷作用下的轴力与剪流

作为初步的分析，我们通常假设在对隔框和翼肋进行杆板简化以后，正应力全由杆承担，而剪应力全由板承担，且假设板中剪流为常数。对于静定的杆板结构，通过力和力矩的平衡关系即可进行轴力与剪流的计算。对于静不定（或称超静定）的杆板结构，则还须结合变形协调条件。

例题 12.1

某隔框经杆板简化后如图 12.1 所示，它受到如图所示的两个集中力的作用。假设腹板只承受剪应力。试求解腹板中的剪流和杆中的轴力。

解：这是一个静定的悬臂梁，通过静力分析就可以获得各杆和板的信息。

关注杆 JK 的平衡，有

$$(q_1 - q_2) \times 250 = 4\,000 \times \sin 60° = 3\,464.1\,\text{N} \tag{12.1}$$

由杆 HKD 的平衡，有

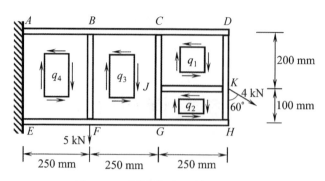

图 12.1 受剪隔框杆板简化示意图

$$200q_1 + 100q_2 = 4\,000 \times \cos 60° = 2\,000 \text{ N} \tag{12.2}$$

联立式(12.1)和式(12.2),得

$$q_1 = 11.3 \text{ N/mm}, \ q_2 = -2.6 \text{ N/mm} \tag{12.3}$$

在 BC 间任意位置取一截面,考虑截面右侧部分的平衡可得 q_3

$$300q_3 = 4\,000 \times \cos 60° = 2\,000 \text{ N} \tag{12.4}$$

即

$$q_3 = 6.7 \text{ N/mm} \tag{12.5}$$

或者考虑杆 CJG 的平衡,有

$$300q_3 = 200q_1 + 100q_2 = 200 \times 11.3 - 100 \times 2.6 = 2\,000 \text{ N} \tag{12.6}$$

亦可得到式(12.5)。

类似地,在 AB 间任意位置取一截面,考虑截面右侧部分的平衡可得 q_4

$$300q_4 = 4\,000\cos 60° + 5\,000 = 7\,000 \text{ N} \tag{12.7}$$

即

$$q_4 = 23.3 \text{ N/mm} \tag{12.8}$$

也可以通过分析杆 BF 的平衡得到式(12.8)。

有了剪流就可以计算各杆中的轴力,例如上缘条 $ABCD$ 中的轴力分布如图 12.2 所示。竖直方向加强筋中轴力的计算方法与之类似,此处不再赘述。

注意,在杆板模型之中,我们认为板只承受剪应力,且并未考虑板的屈曲,这

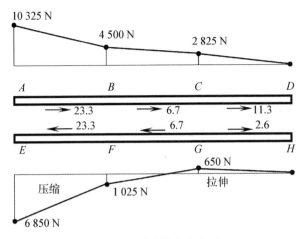

图 12.2　缘条轴力分布图

是一个很强的假设。如果要进一步考虑板的屈曲和板承受的正应力的影响,需要用到 14.5 节所述的张力场梁理论。

12.2　机身隔框

机身框的作用在于向机身壳体传递载荷,并为纵向的长桁提供支撑。机身框的形式通常是开放的环形,以便机身内部坐人、运物、通行不受阻隔;框的周边与机身壳体之间的连接是连续的,中间无间断;框的形状不一定是圆,但一般都关于竖直轴对称,因为飞机结构一般是左右对称的。

机身框在外载荷和来自机身壳体的反剪流的共同作用下处于平衡状态。假设某机身框有竖直对称轴,且承担竖直方向的外载荷 W,如图 12.3 所示。机身壳体的横截面已进行杆板简化,使得蒙皮只承受剪应力。设机身中该框左侧的剪力为 $S_{z,1}$,右侧剪力为 $S_{z,2}$,显然 $S_{z,2}=S_{z,1}-W$。由 $S_{z,1}$、$S_{z,2}$ 在机身蒙皮中引起的剪流分布分别为 q_1 和 q_2,可由式(8.27)结合 $S_{y,1}=S_{y,2}=0$ 和 $I_{yz}=0$ 计算,注意此式适用于剪力不通过剪心的情形。由框周边所传递的剪流 q_f 等于 q_1 和 q_2 的代数和,即

$$q_f=q_1-q_2 \tag{12.9}$$

代入由式(8.27)计算的 q_1 和 q_2,并注意到 $S_{z,2}=S_{z,1}-W$,有

$$q_f=-\frac{W}{I_{yy}}\sum_{r=1}^{n}B_r z_r+q_0 \tag{12.10}$$

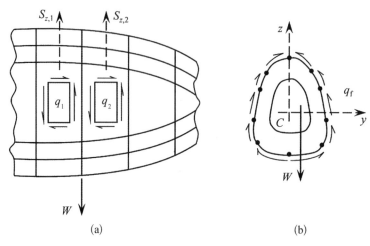

图 12.3　机身框上的载荷

求解常数 q_0 的方法与例题 10.2 和例题 10.3 相同。

12.3　翼肋

　　与机身框的功能类似,翼肋为机翼提供了横向的增强,特别是有助于维持机翼截面的形状从而维持气动外形,同时将外载荷传递至机翼蒙皮,并减少桁条的屈曲有效长度。翼肋承受的载荷也与机身框相似。作用在翼肋面内的外载荷使得机翼中的剪力在翼肋截面两侧产生了变化,这将导致沿翼肋周边分布的剪流,其计算方法与第 11 章所述方法相同。

例题 12.2　翼肋

　　假设图 12.4 所示的翼肋中,腹板只承受剪应力,而机翼承受弯矩的能力完全由桁条 1、2、3 提供,请计算腹板中的剪流和**翼肋缘条**中的轴力。注意:缘条 1、2、3 是沿着机翼展向布置的,而翼肋的缘条如 24°、24^i、25 等是分布在机翼截面内的,它们当中的轴力并非由机翼截面上的弯矩引起,而是为了与翼肋中的剪流平衡而出现的。

　　解:因机翼的弯矩完全由纵向缘条 1、2、3 承担,故机翼蒙皮中任意两个纵向缘条之间的剪流都为常数。考虑翼肋在水平方向的平衡,有

$$600q_{12} - 600q_{23} = 12\,000\text{ N} \tag{12.11}$$

考虑翼肋在竖直方向的平衡,有

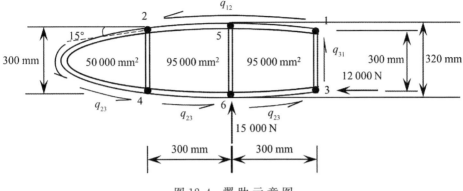

图 12.4 翼肋示意图

$$300q_{31} - 300q_{23} = 15\ 000\ \text{N} \tag{12.12}$$

对缘条 3 处计算力矩平衡有

$$2(50\ 000 + 95\ 000)q_{23} + 2 \times 95\ 000q_{12} = -15\ 000 \times 300\ \text{N} \cdot \text{mm} \tag{12.13}$$

联立式(12.11)~式(12.13),解得

$$q_{12} = 13.0\ \text{N/mm}, \quad q_{23} = -7.0\ \text{N/mm}, \quad q_{31} = 43.0\ \text{N/mm} \tag{12.14}$$

现在考虑图 12.5 所示的翼肋鼻尖部分,记紧贴着加强筋 24 左侧的腹板中剪流为 q_1,该处截面上的竖直方向总剪力 $S_{z,1}$ 为

$$S_{z,1} = 7.0 \times 300 = 2\ 100\ \text{N} \tag{12.15}$$

翼肋缘条轴力的水平分量可通过与剪流的力矩平衡求得

$$P_{x,4} = P_{x,2} = \frac{2 \times 50\ 000 \times 7.0}{300} = 2\ 333.3\ \text{N} \tag{12.16}$$

对应的竖直分量可由三角关系计算

$$P_{y,4} = P_{y,2} = 2\ 333.3 \times \tan 15° = 625.2\ \text{N} \tag{12.17}$$

因此,由腹板承担的剪力为 $7 \times 300 - 2 \times 625.2 = 849.6\ \text{N}$,则

$$q_1 = \frac{849.6}{300} = 2.8\ \text{N/mm} \tag{12.18}$$

翼肋缘条在此截面(紧贴着加强筋 24 左侧)的轴力为

$$P_4 = P_2 = \sqrt{2\,333.\,3^2 + 625.\,2^2} = 2\,415.\,6\,\text{N} \tag{12.19}$$

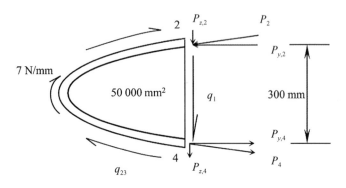

图 12.5 翼肋鼻尖部分平衡

在紧贴着加强筋 56 左侧的截面上,翼肋缘条的轴力和腹板剪流可由图 12.6 所示的平衡计算。在此截面上缘条的倾斜角为零,因此轴力 P_5 和 P_6 可直接通过力矩平衡计算如下:

$$P_5 = P_6 = 2[(50\,000 + 46\,000) \times 7.\,0 - 49\,000 \times 13.\,0]/320 = 218.\,8\,\text{N} \tag{12.20}$$

该截面的剪力仅由腹板承担,故

$$320q_2 = 7.\,0 \times 300 + 7.\,0 \times 10 - 13.\,0 \times 10 = 2\,040\,\text{N} \tag{12.21}$$

即

$$q_2 = 6.\,4\,\text{N/mm} \tag{12.22}$$

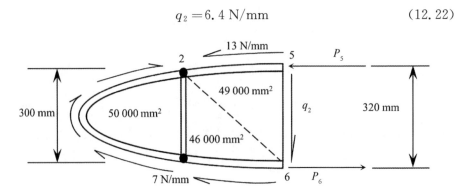

图 12.6 加强筋 56 左侧翼肋之平衡

　　紧贴着加强筋 56 右侧的截面上的剪流可通过考虑加强筋 56 的平衡得到,如图 12.7 所示,则

$$320q_3 = 6.4 \times 320 + 15\,000 = 17\,048\,\text{N} \tag{12.23}$$

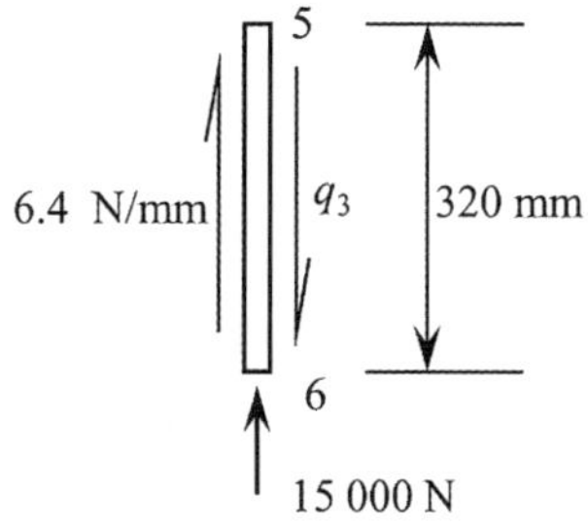

即

$$q_3 = 53.3\,\text{N/mm} \tag{12.24}$$

图 12.7　加强筋 56 之平衡

　　最终,我们考虑紧贴着加强筋 31 左侧截面上的缘条轴力和腹板剪流。在图 12.8 中,对点 3 取力矩得

$$M_3 = 2[(50\,000 + 95\,000) \times 7.0 - 95\,000 \times 13.0] + 15\,000 \times 300$$
$$= 4.06 \times 10^6\,\text{N} \cdot \text{mm} \tag{12.25}$$

则缘条轴力的水平分量为

$$P_{x,1} = P_{x,3} = \frac{4.06 \times 10^6}{300} = 13\,533.3\,\text{N} \tag{12.26}$$

竖直分量为

$$P_{y,1} = P_{y,3} = 3\,626.2\,\text{N} \tag{12.27}$$

故

$$P_1 = P_3 = \sqrt{13\,533.3^2 + 3\,626.2^2} = 14\,010.7\,\text{N} \tag{12.28}$$

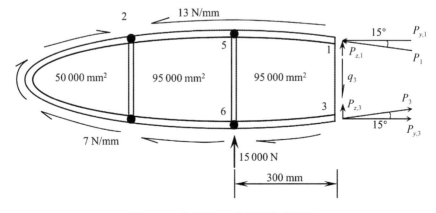

图 12.8　加强筋 31 左侧翼肋之平衡

该截面的总剪力是 15 000＋300×7.0＝17 100 N,因此由腹板承担的剪力为＝17 100－2×3 626.2＝9 847.6 N,从而可计算该截面处腹板中的剪流为

$$q_3 = \frac{9\ 847.6}{300} = 32.8\ \text{N/mm} \tag{12.29}$$

第13章 薄 板 理 论

13.1 薄板理论基础

13.1.1 薄板的定义

板是日常生活中极为常见的结构,因此其形式很容易想象,但我们仍须给出严格的定义。三维空间中由互相平行且靠近的两个面和一个与之垂直的柱形面所包围的区域称为板,如图 13.1(a)所示。我们在板中建立右手直角坐标系 xyz,以便后续的描述和分析,这里令 z 轴竖直向下。相互平行的两个面称为表面,与两个表面等距的面称为中面。两个表面间的距离称为厚度,一般记作 t。板中面的特征尺寸如矩形板的长和宽、圆板的直径、椭圆板的长轴和短轴等,记作 a。可见,板在一个维度上的尺寸远小于另外两个维度上的尺寸,即厚度远小于面内特征尺寸,因此我们可以将板的几何形状进行抽象,将厚度信息嵌入中面,仅用一个平面图形表示板,如图 13.1(b)所示。通常,我们认为当 $t/a < 1/15$ 时的板是薄板,而 $t/a > 1/15$ 的板称为厚板。当然,这个分界并不是绝对的。

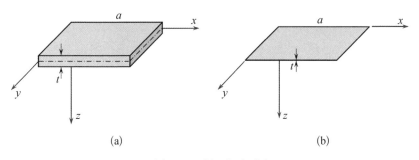

(a)   (b)

图 13.1 板 示 意 图

经过上述抽象,板可以视为二维平面(xy 平面)内占据区域 Ω 的一个集合。

13.1.2　基本假设

任何一种结构,最基础的问题是强度、刚度和稳定性,因此需要计算其中的应力、位移。为了便于对薄板进行分析,我们作出如下基本假设:

(1) 直法线假设。

直法线假设是指,在初始未变形构型中与中面垂直的(即沿厚度方向,或者沿中面法线方向)纤维在变形后仍然与变形后的中面垂直。直白地说,就是法线始终保持与中面垂直。直法线假设其实是欧拉-伯努利梁理论中"平截面假设"的推广。遵循直法线假设的板称为基尔霍夫板。

(2) 层间无挤压假设。

层间无挤压假设是指,与中面平行的"层"之间不互相挤压,当然也不互相拉扯。用力学的语言描述就是,与平行于中面的应力分量 σ_x,σ_y,τ_{xy} 相比,垂直于中面的正应力 σ_z 是可以忽略的,即 $\sigma_z \approx 0$。

请思考:剪应力 τ_{xz} 和 τ_{yz} 可以忽略吗?

(3) 材料为均匀各向同性线弹性材料。

(4) 各处厚度均匀。

(5) 挠度 w 沿厚度方向的变化可以忽略,即 $w = w(x, y)$。 我们往往对这一条假设习以为常,以至于忽略了它的重要性。

13.1.3　板的内力

如图 13.2 所示,考虑一块板微元 $\delta x \times \delta y$,板中相邻部分作用于其上的力/力矩就是内力/内力矩,统称内力素。例如,右侧边 $(x = \delta x)$ 上三个方向的力分别为 $N_x \delta x$,$N_{xy} \delta x$,$Q_x \delta x$,其中的 N_x,N_{xy} 为单位长度的膜力(面内载荷),Q_x 为单位长度上的剪力,其他力与力矩的定义也类似。出于方便,后续我们一般直接称呼它们为弯矩、扭矩、剪力、膜力等,不再强调这些内力素是单位长度上的力/力矩,但是请读者注意这一点。

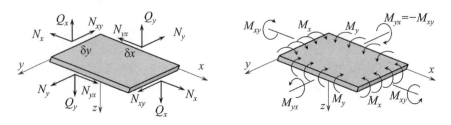

图 13.2　板微元上的内力素示意图

内力素与应力分量的关系如下：

$$N_x = \int_{-t/2}^{t/2} \sigma_x \mathrm{d}z, \quad N_y = \int_{-t/2}^{t/2} \sigma_y \mathrm{d}z, \quad N_{xy} = N_{yx} = \int_{-t/2}^{t/2} \tau_{xy} \mathrm{d}z \quad (13.1)$$

$$Q_x = \int_{-t/2}^{t/2} \tau_{xz} \mathrm{d}z, \quad Q_y = \int_{-t/2}^{t/2} \tau_{yz} \mathrm{d}z \quad (13.2)$$

$$M_x = \int_{-t/2}^{t/2} \sigma_x z \mathrm{d}z, \quad M_y = \int_{-t/2}^{t/2} \sigma_y z \mathrm{d}z, \quad M_{xy} = -M_{yx} = -\int_{-t/2}^{t/2} \tau_{xy} z \mathrm{d}z$$

$$(13.3)$$

上述三式亦可视为内力素的定义。特别需要注意的是，扭矩 M_{xy} 和 M_{yx} 的正负号约定可能与其他板壳理论专著中的约定不同。

13.1.4 作用在板上的外力

板作为三维空间中的弹性体，作用在其上的外力可以按照第 1 章所述进行分类描述，即作用在内部的体力如重力、惯性力，以及作用在表面、侧面上的面力如气动力等。然而，作为结构，作用在板上的外载荷需要做一定的处理，才能与本章所讲述的微分方程构成一个完整的定解问题。

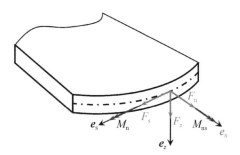

图 13.3 板边的外力与外力矩示意图

先看板边的外力。板的边缘上一点处作用的单位弧长力和力矩如图 13.3 所示。它们与应力分量的关系为

$$F_n = \int_{-t/2}^{t/2} \sigma_n \mathrm{d}z = N_n, \quad F_s = \int_{-t/2}^{t/2} \tau_{ns} \mathrm{d}z = N_{ns}, \quad F_z = \int_{-t/2}^{t/2} \tau_{nz} \mathrm{d}z = Q_n$$

$$(13.4)$$

$$M_n = \int_{-t/2}^{t/2} \sigma_n z \mathrm{d}z, \quad M_{ns} = -\int_{-t/2}^{t/2} \tau_{ns} z \mathrm{d}z \quad (13.5)$$

请思考：有没有绕 e_z 方向作用的力矩？

体力和两个表面上的面力则须归化为单位（中面）面积上的横向力 q_x，q_y，q_z：

$$q_x = p_x^{(+)} - p_x^{(-)} + \int_{-t/2}^{t/2} f_x \mathrm{d}z = \tau_{xz}|_{z=t/2} - \tau_{xz}|_{z=-t/2} + \int_{-t/2}^{t/2} f_x \mathrm{d}z \quad (13.6)$$

$$q_y = p_y^{(+)} - p_y^{(-)} + \int_{-t/2}^{t/2} f_y \mathrm{d}z = \tau_{yz}\big|_{z=t/2} - \tau_{yz}\big|_{z=-t/2} + \int_{-t/2}^{t/2} f_y \mathrm{d}z \quad (13.7)$$

$$q_z = p_z^{(+)} - p_z^{(-)} + \int_{-t/2}^{t/2} f_z \mathrm{d}z = \sigma_z\big|_{z=t/2} - \sigma_z\big|_{z=-t/2} + \int_{-t/2}^{t/2} f_z \mathrm{d}z \quad (13.8)$$

在多数情况下,我们只考虑沿横向即 z 方向的分布载荷 q_z,常常简记作 q,如图 13.4 所示。

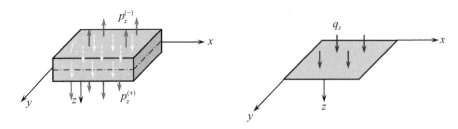

图 13.4　板的横向载荷示意图

13.2　板的纯弯曲

本节我们分析板在纯弯曲下的力学行为的描述。纯弯曲是指板只受到弯矩作用时发生的变形。如图 13.5 所示,板是一个二维结构,因此在 xy 两个方向上可以分别施加(单位长度)弯矩 M_x 和 M_y,那么在这两个力矩作用之下板中的应力应变和挠度如何计算呢?

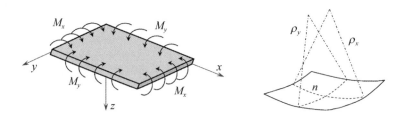

图 13.5　板的纯弯曲示意图

薄板可以视作矩形截面梁沿截面宽度方向拓展而成,因此可以利用梁理论中的一些结果直接对纯弯曲的板进行分析。板中面在纯弯曲之后变成了曲面,若站在 y 轴远端观察板,则板在 xz 平面内的投影与发生纯弯曲的梁的行为相同,其弯曲的曲率半径记为 ρ_x,曲率为 $\kappa_x = 1/\rho_x$;类似地,站在 x 轴远端观察板,其在 yz 平面内弯曲的曲率半径记为 ρ_y,曲率为 $\kappa_y = 1/\rho_y$。类比梁理论,可以得到应变的分布:

$$\varepsilon_x = \kappa_x z = \frac{z}{\rho_x}, \quad \varepsilon_y = \kappa_y z = \frac{z}{\rho_y} \tag{13.9}$$

关于曲率的正负号,我们约定,当 M_x(或 M_y)为正时,κ_x(或 κ_y)也为正。

根据 13.1.2 节所述的层间无挤压假设,可以近似认为 $\sigma_z = 0$,故有

$$\varepsilon_x = \frac{1}{E}(\sigma_x - \nu\sigma_y), \quad \varepsilon_y = \frac{1}{E}(\sigma_y - \nu\sigma_x) \tag{13.10}$$

将式(13.9)代入式(13.10),得

$$\sigma_x = \frac{Ez}{1-\nu^2}(\kappa_x + \nu\kappa_y), \quad \sigma_y = \frac{Ez}{1-\nu^2}(\kappa_y + \nu\kappa_x) \tag{13.11}$$

再将其代入弯矩的算式(13.3),得到

$$M_x = \int_{-t/2}^{t/2} \frac{Ez^2}{1-\nu^2}(\kappa_x + \nu\kappa_y)\mathrm{d}z = D(\kappa_x + \nu\kappa_y) \tag{13.12}$$

$$M_y = \int_{-t/2}^{t/2} \frac{Ez^2}{1-\nu^2}(\kappa_y + \nu\kappa_x)\mathrm{d}z = D(\kappa_y + \nu\kappa_x) \tag{13.13}$$

式中,D 为抗弯刚度,

$$D = \frac{Et^3}{12(1-\nu^2)} \tag{13.14}$$

显然,板的抗弯刚度是矩形截面梁的抗弯刚度的推广,而分母中的 $1-\nu^2$ 来源于双向应力状态。

将式(13.12)、式(13.13)代回式(13.11)可得应力分量 σ_x 和 σ_y 的分布

$$\sigma_x = \frac{12M_x}{t^3}z, \quad \sigma_x = \frac{12M_y}{t^3}z \tag{13.15}$$

与梁的弯曲应力公式在形式上也是一致的。式(13.15)给出了由弯矩计算弯曲应力的方法。

除了应力之外,我们还关心板弯曲引发的位移。对于纯弯曲的板,中面上的点不发生面内位移 u 和 v,因此只有横向位移即挠度 w。式(13.12)、式(13.13)中的曲率 κ_x 和 κ_y 可与挠度在 x,y 两个方向上的二阶导数做如下近似:

$$\kappa_x = -\frac{\partial^2 w}{\partial x^2}, \quad \kappa_y = -\frac{\partial^2 w}{\partial y^2} \tag{13.16}$$

其中的负号是挠度和曲率的符号约定所要求的。将式(13.16)代入式(13.12)、式(13.13)得

$$M_x = -D\left(\frac{\partial^2 w}{\partial x^2} + \nu\frac{\partial^2 w}{\partial y^2}\right), \quad M_y = -D\left(\frac{\partial^2 w}{\partial y^2} + \nu\frac{\partial^2 w}{\partial x^2}\right) \quad (13.17)$$

接下来考虑两种特殊情形：

(1) 一个方向的弯矩为零,例如 $M_y = 0$,而另一个弯矩非零 $M_x \neq 0$,则由式(13.17)可知

$$\frac{\partial^2 w}{\partial y^2} = -\nu\frac{\partial^2 w}{\partial x^2} \quad (13.18)$$

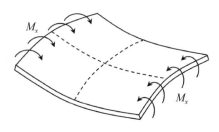

图 13.6 互反曲面/鞍形面

式(13.18)意味着,板弯曲后的中面沿 x 方向弯曲的曲率和沿 y 方向弯曲的曲率符号相反,形成如图 13.6 所示的互反曲面,也可称为鞍形面,形似马鞍。

(2) 两个方向的弯矩相等,即 $M_x = M_y$,由式(13.17)可得

$$\frac{\partial^2 w}{\partial y^2} = \frac{\partial^2 w}{\partial x^2} \quad (13.19)$$

式(13.19)意味着板弯曲后中面沿 x 方向弯曲的曲率和沿 y 方向弯曲的曲率相等,由微分几何的知识可知,弯曲后的中面沿各个方向的曲率都相等,因此是球面的一部分。

13.3 弯扭同时作用的板

13.3.1 任意方向截面上的弯矩与扭矩,主力矩与主方向

一般情况板中还存在扭矩 M_{xy},如图 13.2 所示。考察与 y 轴成 α 角的截面 DF 上的力矩,该力矩可以分解为弯矩 M_n 和扭矩 M_t,如图 13.7 所示。

取一块直角三角形板微元 ABC,AB 侧的法线为 x 方向,CB 侧的法线为 y 方向。为便于分析,将微元 ABC 的俯视图也绘于图 13.7 中,并以右手法则标出三个侧边上的力矩。在垂直于 AC 的方向上,力矩平衡给出：

$$M_t\overline{AC} = M_{xy}(\overline{AC}\cos\alpha)\cos\alpha + M_x(\overline{AC}\cos\alpha)\sin\alpha - \\ M_y(\overline{AC}\sin\alpha)\cos\alpha - M_{xy}(\overline{AC}\sin\alpha)\sin\alpha \quad (13.20)$$

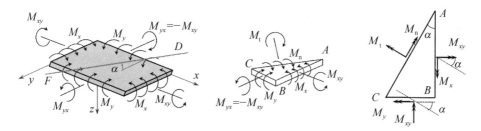

图 13.7　任意截面上的弯矩与扭矩

化简,得

$$M_t = M_{xy}\cos 2\alpha + \frac{M_x - M_y}{2}\sin 2\alpha \qquad (13.21)$$

类似地,在平行于 AC 的方向上,力矩平衡给出

$$M_n\overline{AC} = -M_{xy}(\overline{AC}\cos\alpha)\sin\alpha + M_x(\overline{AC}\cos\alpha)\cos\alpha + \\ M_y(\overline{AC}\sin\alpha)\sin\alpha - M_{xy}(\overline{AC}\sin\alpha)\cos\alpha \qquad (13.22)$$

化简得

$$M_n = M_x\cos^2\alpha + M_y\sin^2\alpha - M_{xy}\sin 2\alpha \qquad (13.23)$$

注意,式(13.23)与式(13.21)与应力转换公式(1.26)与式(1.28)很相似,实际上可以从应力转换公式推出弯矩与扭矩的转换公式,见习题 13.1。

观察式(13.21),当扭矩 M_t 为零时,有

$$\tan 2\alpha = -\frac{2M_{xy}}{M_x - M_y} \qquad (13.24)$$

该式在 $\alpha \in [0, \pi]$ 范围内有两个互相垂直的解,这两个角度称为主方向。在主方向上,扭矩为零,弯矩 M_n 的值达到了各个方向中的极大值或极小值,称为主力矩,对应的曲率称为主曲率。在扭矩为零的方向上,对于任意的坐标 z,显然剪应力也为零,而对应的正应力也是各个方向中的极大值或极小值。

13.3.2　扭矩与挠度的关系

在 13.2 节中,我们已经将弯矩与挠度的二阶导数联系了起来,扭矩 M_{xy} 与挠度 w 之间也有类似的联系。根据式(13.3)中的第三式,有

$$M_{xy} = -\int_{-t/2}^{t/2} \tau_{xy} z \, \mathrm{d}z = -G \int_{-t/2}^{t/2} \gamma_{xy} z \, \mathrm{d}z = -G \int_{-t/2}^{t/2} \left(\frac{\partial u}{\partial y} + \frac{\partial v}{\partial x} \right) z \, \mathrm{d}z$$

$$(13.25)$$

我们需要将面内的位移梯度用挠度的导数来表示。注意到,直法线假设意味着下列两个剪应变为零:

$$\gamma_{xz} = \frac{\partial u}{\partial z} + \frac{\partial w}{\partial x} = 0, \quad \gamma_{yz} = \frac{\partial v}{\partial z} + \frac{\partial w}{\partial y} = 0 \qquad (13.26)$$

即

$$\frac{\partial u}{\partial z} = -\frac{\partial w}{\partial x}, \quad \frac{\partial v}{\partial z} = -\frac{\partial w}{\partial y} \qquad (13.27)$$

沿 z 方向积分,得

$$u = u_\circ - \frac{\partial w}{\partial x} z, \quad v = v_\circ - \frac{\partial w}{\partial y} z \qquad (13.28)$$

在无膜力 N_x, N_y, N_{xy} 作用时,可以认为 $u_\circ = v_\circ = 0$,故有

$$u = -\frac{\partial w}{\partial x} z, \quad v = -\frac{\partial w}{\partial y} z \qquad (13.29)$$

将式(13.29)代入式(13.25),得

$$M_{xy} = -G \int_{-t/2}^{t/2} \left(\frac{\partial u}{\partial y} + \frac{\partial v}{\partial x} \right) z \, \mathrm{d}z = 2 \frac{\partial^2 w}{\partial x \partial y} G \int_{-t/2}^{t/2} z^2 \, \mathrm{d}z = \frac{Et^3}{12(1+\nu)} \frac{\partial^2 w}{\partial x \partial y}$$

$$(13.30)$$

式(13.30)变换时利用了剪切模量与杨氏模量、泊松比之间的关系 $G = E/2(1+\nu)$。注意到抗弯刚度的算式(13.14),可以将式(13.30)改写为

$$M_{xy} = D(1-\nu) \frac{\partial^2 w}{\partial x \partial y} \qquad (13.31)$$

记

$$\kappa_{xy} = -\frac{\partial^2 w}{\partial x \partial y} \qquad (13.32)$$

为扭率,可得

$$\gamma_{xy} = 2\kappa_{xy}z \tag{13.33}$$

$$M_{xy} = -D(1-\nu)\kappa_{xy} \tag{13.34}$$

我们注意到上述二式与式(13.9)、式(13.12)、式(13.13)之间的相似性。

虽然 M_{xy} 是扭矩,但是我们仍常常把板的一般变形称为"弯曲"。

13.4　薄板的定解问题微分提法: 平衡方程与边界条件

13.4.1　平衡方程

先不考虑面内膜力 N_x,N_y,N_{xy}。取一块板微元 $\delta x \times \delta y$,其上作用的内力素如图 13.8 所示。

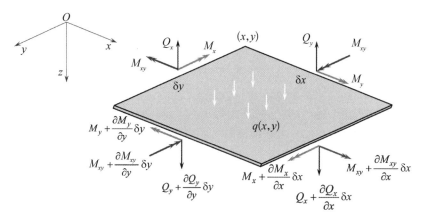

图 13.8　板微元的平衡

由 z 方向的力平衡可得

$$\left(Q_x + \frac{\partial Q_x}{\partial x}\delta x\right)\delta y - Q_x\delta y + \left(Q_y + \frac{\partial Q_y}{\partial y}\delta y\right)\delta x - Q_y\delta x + q\delta x\delta y = 0$$

$$\tag{13.35}$$

化简后得

$$\frac{\partial Q_x}{\partial x} + \frac{\partial Q_y}{\partial y} + q = 0 \tag{13.36}$$

计算对 x 轴的力矩平衡,有

$$M_y \delta x - \left(M_y + \frac{\partial M_y}{\partial y}\delta y\right)\delta x - M_{xy}\delta y + \left(M_{xy} + \frac{\partial M_{xy}}{\partial x}\delta x\right)\delta y +$$
$$Q_x \delta y \frac{\delta y}{2} - \left(Q_x + \frac{\partial Q_x}{\partial x}\delta x\right)\delta y \frac{\delta y}{2} + Q_y \delta x \delta y + (q \delta x \delta y)\frac{\delta y}{2} = 0 \tag{13.37}$$

化简并略去高阶小量后得

$$\frac{\partial M_{xy}}{\partial x} - \frac{\partial M_y}{\partial y} + Q_y = 0 \tag{13.38}$$

类似地,计算对 y 轴的力矩平衡可得

$$\frac{\partial M_{xy}}{\partial y} - \frac{\partial M_x}{\partial x} + Q_x = 0 \tag{13.39}$$

将式(13.38)、式(13.39)代入式(13.36),可得

$$\frac{\partial^2 M_x}{\partial x^2} - \frac{\partial^2 M_{xy}}{\partial x \partial y} + \frac{\partial^2 M_y}{\partial y^2} - \frac{\partial^2 M_{xy}}{\partial x \partial y} + q = 0 \tag{13.40}$$

再将内力矩与挠度二阶导数的关系式(13.17)、式(13.31)代入式(13.40),得到关于挠度 w 的四阶常系数线性偏微分方程

$$\frac{\partial^4 w}{\partial x^4} + 2\frac{\partial^4 w}{\partial x^2 \partial y^2} + \frac{\partial^4 w}{\partial y^4} = \frac{q}{D} \tag{13.41}$$

简记作

$$\nabla^2(\nabla^2 w) = \frac{q}{D} \quad \text{或} \quad \nabla^4 w = \frac{q}{D} \tag{13.42}$$

又称为重调和方程,其与弹性力学平面问题中艾里(Airy)应力函数所满足的方程完全相同。

至此我们得到了薄板问题的控制方程,即式(13.42),一旦解出了挠度 $w(x, y)$,可由式(13.17)、式(13.31)计算内力矩,由式(13.38)、式(13.39)计算剪力,板中的内力素就都清楚了。

13.4.2 边界条件

为了求解方程(13.42),需要在板的边界上指定边界条件。以图 13.9 中的方板为例,我们介绍三种常见的边界条件。

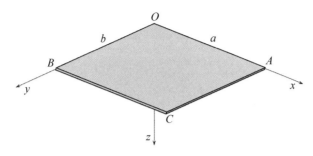

图 13.9　矩形板的边界

1) 简支边

与梁的简支边一样,板的简支边上也满足挠度为零、弯矩为零两个条件。若图 13.9 中的 OB 边为简支边,则在其上有

$$(w)_{x=0}=0 \tag{13.43}$$

$$(M_x)_{x=0}=-D\left(\frac{\partial^2 w}{\partial x^2}+\nu\,\frac{\partial^2 w}{\partial y^2}\right)_{x=0}=0 \tag{13.44}$$

注意到,式(13.43)可导出

$$\left(\frac{\partial^2 w}{\partial y^2}\right)_{x=0}=0 \tag{13.45}$$

将其代回式(13.44)并整理,可得简支边的边界条件

$$(w)_{x=0}=0,\quad \left(\frac{\partial^2 w}{\partial x^2}\right)_{x=0}=0 \tag{13.46}$$

2) 固支边

板的固支边须满足挠度为零、转角为零两个条件。若图 13.9 中的 OB 边为固支边,则在其上有

$$(w)_{x=0}=0,\quad \left(\frac{\partial w}{\partial x}\right)_{x=0}=0 \tag{13.47}$$

3) 自由边

自由边实际上是指定载荷的边界,只是外载荷为零而已。据此,自由边 OB

应该有三个条件

$$(M_x)_{x=0}=0, \quad (M_{xy})_{x=0}=0, \quad (Q_x)_{x=0}=0 \qquad (13.48)$$

在板壳理论发展初期,人们也是这么认为的,但是很快就发现了问题。注意,式(13.42)是个四阶微分方程,每个边界上有且只能有两个边界条件,但是式(13.48)有三个条件,这就意味着解可能不存在。解决这一矛盾的一种办法是增加方程的阶数或未知数的数量,例如发展中厚板理论,另一种办法是将式(13.48)中的条件进行缩合。基尔霍夫于1850年提出,将扭矩与剪力为零的条件合并为如下的等效剪力为零的条件:

$$V_x=\left(Q_x-\frac{\partial M_{xy}}{\partial y}\right)_{x=0}=0 \qquad (13.49)$$

这样,我们就有了两个边界条件

$$(M_x)_{x=0}=\left(\frac{\partial^2 w}{\partial x^2}+\nu\frac{\partial^2 w}{\partial y^2}\right)=0, \quad (V_x)_{x=0}=\left[\frac{\partial^3 w}{\partial x^3}+(2-\nu)\frac{\partial^3 w}{\partial x\partial y^2}\right]=0$$
$$(13.50)$$

可以与其他边的边界条件一起,与微分方程(13.42)共同构成关于薄板弯曲问题的微分提法。

有必要解释一下式(13.49)中的等效剪力 V_x 的由来。考虑图13.10中与 y 轴平行的边上一段长度为 δy 的微元,作用在其上的扭矩 $M_{xy}\delta y$ 可等效为一对大小为 M_{xy} 相距 δy 的力偶,而与该微元相邻的微元上的扭矩也可做类似等效,但是力的大小变成了 $M_{xy}+\frac{\partial M_{xy}}{\partial y}\delta y$,于是两个微元的力偶在它们

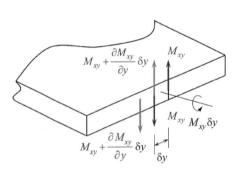

交界处的合力为 $-\frac{\partial M_{xy}}{\partial y}\delta y$,负号表示默认方向沿 $-z$,此即与扭矩作用等效的剪力,再加上原先就有的剪力 Q_x,就得到了式(13.49)中的等效剪力 V_x。

图13.10 板边等效剪力的由来

请思考:矩形板尖角处如果施加一个集中力 P,该角点处的边界条件如何书写?

13.4.3　基尔霍夫板理论的一个内在缺陷

基尔霍夫板遵循直法线假设,因此有 $\gamma_{xz}=\gamma_{yz}=0$,但是剪力 Q_x,Q_y 的算式(13.2)表明我们并没有直接默认剪应力 τ_{xz} 和 τ_{yz} 为零,这就意味着这两种剪切模式具有无穷大的剪切模量! 现实中不存在无穷大的模量,这一后果是基尔霍夫板理论的一个内在缺陷。为了解决它,需要发展中厚板理论。

基尔霍夫板理论给出的结果与板的相对厚度 t/a 相关,t/a 越小,误差越小。因此对于很薄的板,基尔霍夫板理论给出的结果具有非常重要的指导意义。

13.5　轴对称圆板解

在柱极坐标系 (r,θ) 中,拉格朗日算符为

$$\nabla^2=\frac{\partial^2}{\partial r^2}+\frac{\partial}{r\partial r}+\frac{\partial^2}{r^2\partial\theta^2} \tag{13.51}$$

因此控制方程(13.42)变为

$$\left(\frac{\partial^2}{\partial r^2}+\frac{\partial}{r\partial r}+\frac{\partial^2}{r^2\partial\theta^2}\right)\left(\frac{\partial^2 w}{\partial r^2}+\frac{\partial w}{r\partial r}+\frac{\partial^2 w}{r^2\partial\theta^2}\right)=\frac{q(r,\theta)}{D} \tag{13.52}$$

曲率与扭率为

$$\kappa_1=\kappa_r=-\frac{\partial^2 w}{\partial r^2}, \quad \kappa_2=\kappa_\theta=-\frac{\partial w}{r\partial r}-\frac{\partial^2 w}{r^2\partial\theta^2}, \quad \kappa_{12}=\kappa_{r\theta}=-\frac{\partial}{\partial r}\left(\frac{\partial w}{r\partial\theta}\right) \tag{13.53}$$

应变分布仍然遵循与笛卡儿坐标系中相同的形式

$$\varepsilon_r=\kappa_r z, \quad \varepsilon_\theta=\kappa_\theta z, \quad \gamma_{r\theta}=2\kappa_{r\theta}z \tag{13.54}$$

力矩与曲率、扭矩的关系为

$$M_r=D(\kappa_r+\nu\kappa_\theta), \quad M_\theta=D(\kappa_\theta+\nu\kappa_r), \quad M_{r\theta}=-D(1-\nu)\kappa_{r\theta} \tag{13.55}$$

剪力的算式为

$$Q_r=-D\frac{\partial}{\partial r}(\nabla^2 w), \quad Q_\theta=-D\frac{\partial}{r\partial\theta}(\nabla^2 w) \tag{13.56}$$

如果边界条件与载荷均为轴对称,则圆板的挠度具有轴对称性,挠度与内力素都与角度 θ 无关,控制方程(13.52)变为

$$\frac{\mathrm{d}^4 w}{\mathrm{d}r^4} + \frac{2}{r}\frac{\mathrm{d}^3 w}{\mathrm{d}r^3} - \frac{1}{r^2}\frac{\mathrm{d}^2 w}{\mathrm{d}r^2} + \frac{\mathrm{d}w}{r^3 \mathrm{d}r} = \frac{q(r)}{D} \tag{13.57}$$

这是一个欧拉方程。曲率、扭率为

$$\kappa_r = -\frac{\mathrm{d}^2 w}{\mathrm{d}r^2}, \quad \kappa_\theta = -\frac{\mathrm{d}w}{r\mathrm{d}r}, \quad \kappa_{r\theta} = 0 \tag{13.58}$$

力矩与曲率、扭矩的关系为

$$M_r = D(\kappa_r + \nu\kappa_\theta), \quad M_\theta = D(\kappa_\theta + \nu\kappa_r), \quad M_{r\theta} = 0 \tag{13.59}$$

剪力为

$$Q_r = -D\frac{\mathrm{d}}{\mathrm{d}r}(\nabla^2 w) = -D\frac{\mathrm{d}}{\mathrm{d}r}\left(\frac{\mathrm{d}^2 w}{\mathrm{d}r^2} + \frac{1}{r}\frac{\mathrm{d}w}{\mathrm{d}r}\right), \quad Q_\theta = 0 \tag{13.60}$$

方程(13.57)的解 $w = w(r)$ 可写为

$$w = w^* + \bar{w} \tag{13.61}$$

式中,w^* 为一个特解,而 $\bar{w}$ 为式(13.57)对应的齐次方程(即 $q = 0$ 情形)的通解。在数学课和弹性力学课中我们已经得知欧拉方程的通解为

$$\bar{w} = Ar^2 + Br^2\ln r + C\ln r + K \tag{13.62}$$

式中的常数 A,B,C,K 须通过边界条件来确定。

如果分布载荷的形式为 $q(r) = q_0 r^s$,则可以通过直接积分法求出方程(13.57)的一个特解为

$$w^* = \frac{q_0 r^{s+4}}{(s+4)^2 (s+2)^2 D} \tag{13.63}$$

对于均布载荷 $q(r) = q_0$,解的一般形式为

$$w = Ar^2 + Br^2\ln r + C\ln r + K + \frac{q_0 r^4}{64D} \tag{13.64}$$

则可计算挠度的导数

$$\frac{\mathrm{d}w}{\mathrm{d}r} = 2Ar + Br(2\ln r + 1) + \frac{C}{r} + \frac{q_0 r^3}{16D},$$

$$\frac{\mathrm{d}^2 w}{\mathrm{d}r^2} = 2A + 3B + 2B\ln r - \frac{C}{r^2} + \frac{3q_0 r^2}{16D} \tag{13.65}$$

曲率为

$$\kappa_r = -\frac{\mathrm{d}^2 w}{\mathrm{d}r^2} = -\left(2A + 3B + 2B\ln r - \frac{C}{r^2} + \frac{3q_0 r^2}{16D}\right) \tag{13.66}$$

$$\kappa_\theta = -\frac{\mathrm{d}w}{r\,\mathrm{d}r} = -\left(2A + B + 2B\ln r + \frac{C}{r^2} + \frac{q_0 r^2}{16D}\right) \tag{13.67}$$

内力矩和剪力为

$$M_r = -D\left[2A(1+\nu) + B(3+\nu) + 2B(1+\nu)\ln r - \frac{1-\nu}{r^2}C\right] - \frac{(3+\nu)q_0 r^2}{16} \tag{13.68}$$

$$M_\theta = -D\left[2A(1+\nu) + B(1+3\nu) + 2B(1+\nu)\ln r + \frac{1-\nu}{r^2}C\right] - \frac{(1+3\nu)q_0 r^2}{16} \tag{13.69}$$

$$Q_r = -D\frac{\partial}{\partial r}(\nabla^2 w) = -\frac{4BD}{r} - \frac{q_0 r}{2} \tag{13.70}$$

例题 13.1

试计算均布载荷 q_0 作用下的周边简支圆板的挠度,圆板半径为 R。

解: 板中心 $r=0$ 处的挠度必须是有限值,因此式(13.64)中常数 $C=0$。对于均布载荷作用下的圆板,板中的剪力 Q_r 不应有奇异性,故由式(13.70)可得 $B=0$。该结果也可通过考虑半径为 r 的圆片的平衡得到。挠度和弯矩可简化为

$$w = Ar^2 + K + \frac{q_0 r^4}{64D} \tag{13.71}$$

$$M_r = -2AD(1+\nu) - \frac{(3+\nu)q_0 r^2}{16} \tag{13.72}$$

由周边处简支的条件 $(w)_{r=R}=0$ 和 $(M_r)_{r=R}=0$ 导出

$$AR^2 + K + \frac{q_0 R^4}{64D} = 0 \tag{13.73}$$

$$-2AD(1+\nu) - \frac{(3+\nu)q_0 R^2}{16} = 0 \tag{13.74}$$

解之得

$$A = -\frac{(3+\nu)q_0 R^2}{32(1+\nu)D}, \quad K = \frac{(5+\nu)q_0 R^4}{64(1+\nu)D} \tag{13.75}$$

因此解为

$$w = \frac{q_0 R^4}{64D} \left[\frac{5+\nu}{1+\nu} - \frac{2(3+\nu)}{1+\nu} \frac{r^2}{R^2} + \frac{r^4}{R^4} \right] \tag{13.76}$$

$$M_r = \frac{(3+\nu)q_0 R^2}{16} \left(1 - \frac{r^2}{R^2} \right), \quad M_\theta = \frac{q_0 R^2}{16} \left[3+\nu - (1+3\nu)\frac{r^2}{R^2} \right] \tag{13.77}$$

13.6　四边简支矩形板的纳维解

考虑一块四边简支的矩形板,板沿 x 和 y 方向的长度分别为 a 和 b,其受到的外载荷由分布载荷集度 $q(x, y)$ 描述。板的控制方程为

$$\frac{\partial^4 w}{\partial x^4} + 2\frac{\partial^4 w}{\partial x^2 \partial y^2} + \frac{\partial^4 w}{\partial y^4} = \frac{q}{D} \tag{13.41}$$

边界条件为

$$(w)_{x=0, a} = 0, \quad \left(\frac{\partial^2 w}{\partial x^2} \right)_{x=0, a} = 0 \tag{13.78}$$

$$(w)_{y=0, b} = 0, \quad \left(\frac{\partial^2 w}{\partial y^2} \right)_{x=0, b} = 0 \tag{13.79}$$

纳维解的基本思想是将挠度 w 进行双傅里叶级数展开:

$$w(x, y) = \sum_{m=1}^{\infty} \sum_{n=1}^{\infty} A_{mn} \sin\frac{m\pi x}{a} \sin\frac{n\pi y}{b} \tag{13.80}$$

式(13.80)中的基函数显然自动满足所有边界条件,剩下的任务就是求解系数 A_{mn}。

我们对分布载荷集度 $q(x,y)$ 也进行傅里叶级数展开,即假设

$$q(x,y) = \sum_{m=1}^{\infty} \sum_{n=1}^{\infty} a_{mn} \sin \frac{m\pi x}{a} \sin \frac{n\pi y}{b} \tag{13.81}$$

在式(13.81)左右两侧乘以基函数 $\sin \frac{m'\pi x}{a} \sin \frac{n'\pi y}{b}$,并在整个板上积分,得

$$\iint_0^{a}\int_0^{b} q(x,y) \sin \frac{m'\pi x}{a} \sin \frac{n'\pi y}{b} \mathrm{d}x\mathrm{d}y$$

$$= \sum_{m=1}^{\infty} \sum_{n=1}^{\infty} a_{mn} \iint_0^{a}\int_0^{b} \sin \frac{m'\pi x}{a} \sin \frac{m\pi x}{a} \sin \frac{n'\pi y}{b} \sin \frac{n\pi y}{b} \mathrm{d}x\mathrm{d}y = \frac{ab}{4} a_{m'n'} \tag{13.82}$$

其中利用了三角函数的正交性

$$\int_0^{a} \sin \frac{m'\pi x}{a} \sin \frac{m\pi x}{a} \mathrm{d}x = \begin{cases} 0, & m \neq m' \\ \dfrac{a}{2}, & m = m' \end{cases} \tag{13.83}$$

于是有

$$a_{mn} = \frac{4}{ab} \iint_0^{a}\int_0^{b} q(x,y) \sin \frac{m\pi x}{a} \sin \frac{n\pi y}{b} \mathrm{d}x\mathrm{d}y \tag{13.84}$$

将式(13.80)、式(13.81)代入式(13.41),得

$$\sum_{m=1}^{\infty} \sum_{n=1}^{\infty} \left\{ A_{mn} \left[\left(\frac{m\pi}{a}\right)^4 + 2\left(\frac{m\pi}{a}\right)^2 \left(\frac{n\pi}{b}\right)^2 + \left(\frac{n\pi}{b}\right)^4 \right] - \frac{a_{mn}}{D} \right\} \sin \frac{m\pi x}{a} \sin \frac{n\pi y}{b} = 0 \tag{13.85}$$

由于基函数是线性无关的,因此式(13.85)中的每一项系数都为零,因此有

$$A_{mn} = \frac{1}{\pi^4 D} \frac{a_{mn}}{\left[(m^2/a^2) + (n^2/b^2)\right]^2} \tag{13.86}$$

于是我们得到了四边简支矩形板挠度的纳维解

$$w(x,y)=\frac{1}{\pi^4 D}\sum_{m=1}^{\infty}\sum_{n=1}^{\infty}\frac{a_{mn}}{\left[(m^2/a^2)+(n^2/b^2)\right]^2}\sin\frac{m\pi x}{a}\sin\frac{n\pi y}{b}$$

$$(13.87)$$

式中，a_{mn} 由式(13.84)给出。

例题 13.2　均布载荷作用下的四边简支矩形板纳维解

请计算均布载荷 q_0 作用下的四边简支矩形板的挠度。

解：先计算分布载荷集度 $q(x,y)$ 傅里叶级数展开式中的系数

$$
\begin{aligned}
a_{mn}&=\frac{4}{ab}\iint_{0\ 0}^{a\ b}q(x,y)\sin\frac{m\pi x}{a}\sin\frac{n\pi y}{b}\mathrm{d}x\mathrm{d}y\\
&=\frac{4q_0}{ab}\iint_{0\ 0}^{a\ b}\sin\frac{m\pi x}{a}\sin\frac{n\pi y}{b}\mathrm{d}x\mathrm{d}y\\
&=\frac{16q_0}{\pi^2 mn}\quad m,n=1,3,5,\cdots
\end{aligned}
\qquad(13.88)
$$

代入式(13.87)，得

$$w(x,y)=\frac{16q_0}{\pi^6 D}\sum_{m=1,3,\cdots}^{\infty}\sum_{n=1,3,\cdots}^{\infty}\frac{\sin\dfrac{m\pi x}{a}\sin\dfrac{n\pi y}{b}}{mn\left[(m^2/a^2)+(n^2/b^2)\right]^2}\qquad(13.89)$$

考虑方板($b=a$)和 $\nu=0.3$，板中心的最大挠度为

$$w_{\max}=\frac{0.044\,4q_0 a^4}{Et^3}\qquad(13.90)$$

各内力素可由式(13.89)计算。

下面展示纳维解的收敛速度。记

$$w_N=\frac{0.181\,7q_0 a^4}{Et^3}\sum_{m=1,3,\cdots}^{N}\sum_{n=1,3,\cdots}^{N}\frac{\sin\dfrac{m\pi}{2}\sin\dfrac{n\pi}{2}}{mn(m^2+n^2)^2}\qquad(13.91)$$

w_N 与 N 的关系如图 13.11 所示。当 $N=5$，即取 9 项时，相对误差已经小于 0.1%，在纳维的年代是非常了不起的。有必要强调，纳维解只适用于边界条件特殊的矩形板，对于一般情形，很难求出类似的级数解。

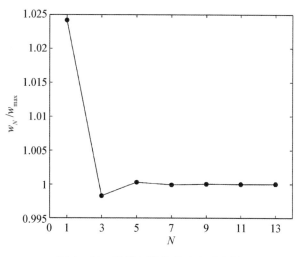

图 13.11 纳维解的收敛速度示意图

13.7 弯曲与面内载荷共同作用下的板

面内载荷就是膜力 N_x，N_y，N_{xy}，它们的存在可能会影响板的平衡方程。考虑板微元 $\delta x \times \delta y$，由于剪力 Q_x，Q_y 作用方向沿着 z 轴，所以两者对如图 13.12 所示的板微元在 xy 面内的平衡没有影响。

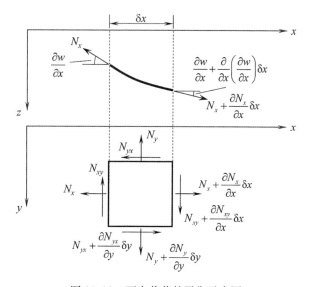

图 13.12 面内载荷的平衡示意图

在没有面内外载荷的前提下，由板微元在 x 方向的平衡可得

$$\left(N_x + \frac{\partial N_x}{\partial x}\delta x\right)\delta y\cos\left(\frac{\partial w}{\partial x} + \frac{\partial^2 w}{\partial x^2}\delta x\right) - N_x\delta y\cos\frac{\partial w}{\partial x} +$$
$$\left(N_{yx} + \frac{\partial N_{yx}}{\partial y}\delta y\right)\delta x - N_{yx}\delta x = 0 \tag{13.92}$$

我们研究的是小变形问题，因此角度远小于 1，两个余弦可近似为 1，故有

$$\frac{\partial N_x}{\partial x} + \frac{\partial N_{yx}}{\partial y} = 0 \tag{13.93}$$

类似地，可得 y 方向的力平衡方程

$$\frac{\partial N_y}{\partial y} + \frac{\partial N_{xy}}{\partial x} = 0 \tag{13.94}$$

绕 z 轴的力矩平衡则导出一个我们习以为常的结果

$$N_{xy} = N_{yx} \tag{13.95}$$

膜力对微元平衡的影响主要体现在引发了额外的横向力，即 z 方向的力。如图 13.12 所示，与板元左侧和右侧的膜力 N_x 有关的横向力为

$$\left(N_x + \frac{\partial N_x}{\partial x}\delta x\right)\delta y\left(\frac{\partial w}{\partial x} + \frac{\partial^2 w}{\partial x^2}\delta x\right) - N_x\delta y\frac{\partial w}{\partial x} \tag{13.96}$$

略去高阶小量后为

$$\frac{\partial N_x}{\partial x}\frac{\partial w}{\partial x}\delta x\delta y + N_x\frac{\partial^2 w}{\partial x^2}\delta x\delta y \tag{13.97}$$

其中第一项由 N_x 本身的变化和板元绕 y 轴的转动引起，第二项由板元绕 y 轴的弯曲引起。类似可得与膜力 N_y 有关的横向力为

$$N_y\frac{\partial^2 w}{\partial y^2}\delta x\delta y + \frac{\partial N_y}{\partial y}\frac{\partial w}{\partial y}\delta x\delta y \tag{13.98}$$

与薄膜剪切力 N_{xy} 有关的横向力（见图 13.13）如下：

$$\left(N_{xy} + \frac{\partial N_{xy}}{\partial x}\delta x\right)\delta y\left[\frac{\partial w}{\partial y} + \frac{\partial}{\partial x}\left(\frac{\partial w}{\partial y}\right)\delta x\right] - N_{xy}\delta y\frac{\partial w}{\partial y} \tag{13.99}$$

略去高阶小量得

$$\frac{\partial N_{xy}}{\partial x}\frac{\partial w}{\partial y}\delta x\delta y + N_{xy}\frac{\partial^2 w}{\partial x\partial y}\delta x\delta y \qquad (13.100)$$

类似可得 N_{yx} 引发的横向力为

$$\frac{\partial N_{yx}}{\partial y}\frac{\partial w}{\partial x}\delta x\delta y + N_{yx}\frac{\partial^2 w}{\partial x\partial y}\delta x\delta y \qquad (13.101)$$

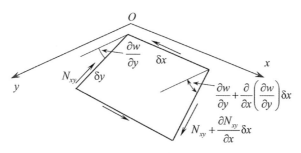

图 13.13　面内载荷 N_{xy} 造成的横向力示意图

因此,所有膜力引起的总横向力为

$$\frac{\partial N_x}{\partial x}\frac{\partial w}{\partial x}\delta x\delta y + N_x\frac{\partial^2 w}{\partial x^2}\delta x\delta y + N_y\frac{\partial^2 w}{\partial y^2}\delta x\delta y + \frac{\partial N_y}{\partial y}\frac{\partial w}{\partial y}\delta x\delta y +$$

$$\frac{\partial N_{xy}}{\partial x}\frac{\partial w}{\partial y}\delta x\delta y + N_{xy}\frac{\partial^2 w}{\partial x\partial y}\delta x\delta y + \frac{\partial N_{yx}}{\partial y}\frac{\partial w}{\partial x}\delta x\delta y + N_{yx}\frac{\partial^2 w}{\partial x\partial y}\delta x\delta y$$

$$(13.102)$$

注意到平衡方程式(13.93)、式(13.94),因此式(13.102)可简化为

$$\left(N_x\frac{\partial^2 w}{\partial x^2} + N_y\frac{\partial^2 w}{\partial y^2} + 2N_{xy}\frac{\partial^2 w}{\partial x\partial y}\right)\delta x\delta y \qquad (13.103)$$

膜力 N_x, N_y, N_{xy} 并不引发绕 x 或 y 轴的力矩,因此对于板微元的力矩平衡方程式(13.38)、式(13.39)不产生影响,其效果就是在分布载荷造成的横向力 $q\delta x\delta y$ 基础上加入式(13.103)所示的力,因此板微元在 z 方向的力平衡方程(13.36)变为

$$\frac{\partial Q_x}{\partial x} + \frac{\partial Q_y}{\partial y} + q + N_x\frac{\partial^2 w}{\partial x^2} + N_y\frac{\partial^2 w}{\partial y^2} + 2N_{xy}\frac{\partial^2 w}{\partial x\partial y} = 0 \quad (13.104)$$

将式(13.38)和式(13.39)代入式(13.104)，得包含面内载荷（膜力）的板挠度控制方程如下：

$$\frac{\partial^4 w}{\partial x^4} + 2\frac{\partial^4 w}{\partial x^2 \partial y^2} + \frac{\partial^4 w}{\partial y^4} = \frac{1}{D}\left(q + N_x \frac{\partial^2 w}{\partial x^2} + N_y \frac{\partial^2 w}{\partial y^2} + 2N_{xy}\frac{\partial^2 w}{\partial x \partial y}\right)$$

(13.105)

边界条件没有变化。

例题 13.3

请计算均布载荷 q_0 和膜力 N_x 共同作用下的四边简支矩形板的挠度 w。

解：仍采用纳维的方法，对挠度做双傅里叶级数展开：

$$w(x,y) = \sum_{m=1}^{\infty}\sum_{n=1}^{\infty} A_{mn}\sin\frac{m\pi x}{a}\sin\frac{n\pi y}{b}$$

(13.106)

将其和 q_0 的双傅里叶级数分解式(13.88)代入式(13.105)，得

$$\sum_{m=1}^{\infty}\sum_{n=1}^{\infty} A_{mn}\left[\left(\frac{m\pi}{a}\right)^4 + 2\left(\frac{m\pi}{a}\right)^2\left(\frac{n\pi}{b}\right)^2 + \left(\frac{n\pi}{b}\right)^4 + \frac{N_x}{D}\left(\frac{m\pi}{a}\right)^2\right]\sin\frac{m\pi x}{a}\sin\frac{n\pi y}{b}$$

$$= \frac{16q_0}{\pi^2 D}\sum_{m=1,3,\cdots}^{\infty}\sum_{n=1,3,\cdots}^{\infty}\frac{1}{mn}\sin\frac{m\pi x}{a}\sin\frac{n\pi y}{b}$$

(13.107)

于是有

$$A_{mn} = \frac{16q_0}{\pi^6 Dmn\left[\left(\dfrac{m^2}{a^2} + \dfrac{n^2}{b^2}\right)^2 + \dfrac{N_x m^2}{\pi^2 Da^2}\right]}, \quad m,n = 1,3,5,\cdots$$

(13.108)

与例题 13.2 的结果相比，分母上多了与 N_x 有关的项。如果 $N_x > 0$，每一项的分母都会相对没有 N_x 时减小，因此拉伸力的施加使得均布载荷作用下板的挠度减小了。这与直觉和经验相符合，例如我们常在架设帐篷时对帆布施加拉力以减小垂坠。如果 $N_x < 0$，则由式(13.108)可知，当 N_x 等于一些与指标 m, n 相关的特殊值时将使系数的分母为零，这些特殊值就是第 (m,n) 阶屈曲临界载荷。

13.8　含初始缺陷的板的弯曲

现实中的板与理想的平直形状之间必然有一定的差异，这种差异就是初始

缺陷,记作 $w_0(x,y)$。记由于载荷的施加而产生的挠度为 $w_1(x,y)$,则总挠度为 $w=w_0+w_1$。观察几何完美的板的控制方程(13.105),等号左边重调和算子作用下的 w 来源于板微元的平衡,因此应用 w_1 替代,等号右边的 w 来源于板微元的弯曲和扭转变形,因此应用 w_0+w_1 替代,于是控制方程变成

$$\frac{\partial^4 w_1}{\partial x^4}+2\frac{\partial^4 w_1}{\partial x^2 \partial y^2}+\frac{\partial^4 w_1}{\partial y^4}$$
$$=\frac{1}{D}\left[q+N_x\frac{\partial^2(w_0+w_1)}{\partial x^2}+N_y\frac{\partial^2(w_0+w_1)}{\partial y^2}+2N_{xy}\frac{\partial^2(w_0+w_1)}{\partial x \partial y}\right]$$

$$(13.109)$$

与式(13.105)对比可知,初始缺陷造成了式(13.110)所示的等效横向分布载荷集度:

$$N_x\frac{\partial^2 w_0}{\partial x^2}+N_y\frac{\partial^2 w_0}{\partial y^2}+2N_{xy}\frac{\partial^2 w_0}{\partial x \partial y} \qquad (13.110)$$

注意,式(13.110)说明只有当初始缺陷具有非零的曲率(或扭率)时,其与对应的膜力的乘积才会影响板的变形,因此初始缺陷常常又称为初始曲率。

例题 13.4

求含初始缺陷 w_0 的四边简支矩形板($a \times b$)在膜力 N_x 作用下的挠度。

解: 对 w_0 和 w_1 都做双傅里叶级数分解:

$$w_0=\sum_{m=1}^{\infty}\sum_{n=1}^{\infty}A_{mn}\sin\frac{m\pi x}{a}\sin\frac{n\pi y}{b} \qquad (13.111)$$

$$w_1=\sum_{m=1}^{\infty}\sum_{n=1}^{\infty}B_{mn}\sin\frac{m\pi x}{a}\sin\frac{n\pi y}{b} \qquad (13.112)$$

注意式(13.111)中的系数 A_{mn} 可根据 w_0 的具体形式算出来,而 B_{mn} 是待求的。对于任意的横向载荷 q 和膜力 N_x,N_y,N_{xy} 都可以仿照纳维解进行求解。

我们考察一种特殊情况,$q=0$ 且 $N_y=N_{xy}=0$,只有 N_x 非零,此时的解为

$$B_{mn}=\frac{A_{mn}N_x}{\dfrac{\pi^2 D}{a^2}\left[m+\dfrac{n^2}{m}\left(\dfrac{a}{b}\right)^2\right]^2+N_x} \qquad (13.113)$$

式(13.113)表明,一块有初始曲率的四边简支矩形板在仅受到膜力 N_x 作

用时也会产生挠度。另外注意到,当 N_x 为一些特殊值时,式(13.113)分母为零,这些值就是第(m,n)阶临界屈曲载荷,可以与例题 13.3 的结果对比是否一致。

13.9　薄板问题的能量法

13.9.1　板的总势能

板的应变能为

$$U = \frac{1}{2}\iint_\Omega (M_x\kappa_x + M_y\kappa_y - M_{xy}\kappa_{xy})\mathrm{d}x\,\mathrm{d}y$$

$$= \frac{1}{2}\iint_\Omega \left(-M_x\frac{\partial^2 w}{\partial x^2} - M_y\frac{\partial^2 w}{\partial y^2} + 2M_{xy}\frac{\partial^2 w}{\partial x\partial y}\right)\mathrm{d}x\,\mathrm{d}y \tag{13.114}$$

该式推导请见习题 13.8。将弯矩、扭矩与挠度导数的关系式(13.17)、式(13.31)代入式(13.114)得

$$U = \frac{D}{2}\iint_\Omega \left\{\left(\frac{\partial^2 w}{\partial x^2} + \frac{\partial^2 w}{\partial y^2}\right)^2 - 2(1-\nu)\left[\frac{\partial^2 w}{\partial x^2}\frac{\partial^2 w}{\partial x^2} - \left(\frac{\partial^2 w}{\partial x\partial y}\right)^2\right]\right\}\mathrm{d}x\,\mathrm{d}y \tag{13.115}$$

横向外载荷 q 的势能为

$$V = -\iint_\Omega qw\,\mathrm{d}x\,\mathrm{d}y \tag{13.116}$$

稍微复杂一点的是与面内载荷有关的能量,这里我们直接给出结果如下:

$$\Pi_N = \frac{1}{2}\iint_\Omega \left[N_x\left(\frac{\partial w}{\partial x}\right)^2 + N_y\left(\frac{\partial w}{\partial y}\right)^2 - 2N_{xy}\left(\frac{\partial w}{\partial x}\frac{\partial w}{\partial y}\right)\right]\mathrm{d}x\,\mathrm{d}y \tag{13.117}$$

具体推导过程请见习题 13.9。

系统的总势能为

$$\Pi = U + V + \Pi_N \tag{13.118}$$

最小势能原理告诉我们,在各种可能的状态中,真实状态使得系统势能取极小值:$\delta\Pi = 0$。

13.9.2　四边简支矩形板的能量法

考虑例题 13.2 中的问题，四边简支矩形板受到均布载荷 q_0 的作用，现在用能量法求解其挠度。仍然对挠度进行双傅里叶级数展开：

$$w(x,\ y)=\sum_{m=1}^{\infty}\sum_{n=1}^{\infty}A_{mn}\sin\frac{m\pi x}{a}\sin\frac{n\pi y}{b} \tag{13.119}$$

将其代入能量的算式，得

$$\Pi=U+V$$

$$=\frac{D}{2}\iint_{\Omega}\left[(w_{,xx}+w_{,yy})^2-2(1-\nu)(w_{,xx}w_{,yy}-w_{,xy}^2)\right]\mathrm{d}x\mathrm{d}y-\iint_{\Omega}qw\mathrm{d}x\mathrm{d}y$$

$$=\int_0^a\int_0^b\left\{\frac{D}{2}\sum_{m=1}^{\infty}\sum_{n=1}^{\infty}A_{mn}^2\left[\pi^4\left(\frac{m^2}{a^2}+\frac{n^2}{b^2}\right)^2\sin^2\frac{m\pi x}{a}\sin^2\frac{n\pi y}{b}-\right.\right.$$

$$2(1-\nu)\frac{m^2n^2\pi^4}{a^2b^2}\left(\sin^2\frac{m\pi x}{a}\sin^2\frac{n\pi y}{b}-\cos^2\frac{m\pi x}{a}\cos^2\frac{n\pi y}{b}\right)\Big]-$$

$$q_0\sum_{m=1}^{\infty}\sum_{n=1}^{\infty}A_{mn}\sin\frac{m\pi x}{a}\sin\frac{n\pi y}{b}\bigg\}\mathrm{d}x\mathrm{d}y$$

$$=\frac{D}{2}\sum_{m=1,3,5}^{\infty}\sum_{n=1,3,5}^{\infty}A_{mn}^2\frac{\pi^4ab}{4}\left(\frac{m^2}{a^2}+\frac{n^2}{b^2}\right)^2-q_0\sum_{m=1,3,5}^{\infty}\sum_{n=1,3,5}^{\infty}A_{mn}\frac{4ab}{\pi^2mn} \tag{13.120}$$

根据最小势能原理，有

$$\frac{\partial W}{\partial A_{mn}}=\frac{D}{2}2A_{mn}\frac{\pi^4ab}{4}\left(\frac{m^2}{a^2}+\frac{n^2}{b^2}\right)^2-q_0\frac{4ab}{\pi^2mn}=0 \tag{13.121}$$

因此

$$A_{mn}=\frac{16q_0}{\pi^6Dmn\left(\dfrac{m^2}{a^2}+\dfrac{n^2}{b^2}\right)^2} \tag{13.122}$$

$$w=\frac{16q_0}{\pi^6D}\sum_{m=1,3,5}^{\infty}\sum_{n=1,3,5}^{\infty}\frac{\sin\dfrac{m\pi x}{a}\sin\dfrac{n\pi y}{b}}{mn\left(\dfrac{m^2}{a^2}+\dfrac{n^2}{b^2}\right)^2} \tag{13.123}$$

与纳维解的结果式(13.89)完全一致。这并不意外,因为能量法与微分解法本质上是一致的。

13.9.3 瑞利-里茨法

与梁问题相似,求解板问题的瑞利-里茨法基本思路也是将挠度展开为若干形函数的加权求和,并计算总势能,利用最小势能原理计算各自由度的值。

例题 13.5

一块尺寸为 $a \times b$ 的四边简支矩形板受到均布载荷 q_0 的作用。假设挠度为

$$w = A_{11} \sin \frac{\pi x}{a} \sin \frac{\pi y}{b} \tag{13.124}$$

请求解系数 A_{11} 的值,亦即最大挠度的值。

解: 将假设的挠度式(13.124)代入总势能的算式,得

$$
\begin{aligned}
\varPi &= U + V \\
&= \frac{D}{2} \iint_\Omega \left\{ \left(\frac{\partial^2 w}{\partial x^2} + \frac{\partial^2 w}{\partial y^2} \right)^2 - 2(1-\nu) \left[\frac{\partial^2 w}{\partial x^2} \frac{\partial^2 w}{\partial y^2} - \left(\frac{\partial^2 w}{\partial x \partial y} \right)^2 \right] \right\} \mathrm{d}x\mathrm{d}y - \iint_\Omega qw\mathrm{d}x\mathrm{d}y \\
&= \int_0^a \int_0^b \left\{ \frac{D}{2} A_{11}^2 \left[\pi^4 \left(\frac{1}{a^2} + \frac{1}{b^2} \right)^2 \sin^2 \frac{\pi x}{a} \sin^2 \frac{\pi y}{b} - \right.\right. \\
&\quad \left. 2(1-\nu) \frac{\pi^4}{a^2 b^2} \left(\sin^2 \frac{\pi x}{a} \sin^2 \frac{\pi y}{b} - \cos^2 \frac{\pi x}{a} \cos^2 \frac{\pi y}{b} \right) \right] - \\
&\quad \left. q_0 A_{11} \sin \frac{\pi x}{a} \sin \frac{\pi y}{b} \right\} \mathrm{d}x\mathrm{d}y \\
&= \frac{D}{2} A_{11}^2 \frac{\pi^4 ab}{4} \left(\frac{1}{a^2} + \frac{1}{b^2} \right)^2 - q_0 A_{11} \frac{4ab}{\pi^2}
\end{aligned}
\tag{13.125}
$$

最小势能原理指出

$$\frac{\partial \varPi}{\partial A_{11}} = D A_{11} \frac{\pi^4 (a^2 + b^2)^2}{4a^3 b^3} - \frac{4ab}{\pi^2} q_0 = 0 \tag{13.126}$$

于是得

$$A_{11} = \frac{16 a^4 b^4}{\pi^6 D (a^2 + b^2)^2} q_0 \tag{13.127}$$

对于泊松比 $\nu=0.3$ 的方板$(b=a)$，有 $w_{\max}=A_{11}=0.045\,5q_0a^4/Et^3$，与纳维解前四项结果 $0.044\,3q_0a^4/Et^3$ 相比差别已经不大，但是计算量大为减小。作为一种近似解法，瑞利-里茨法可以在较短的时间内给出具有指导意义的结果，在精度与效率之间取得平衡。

例题 13.6

一块尺寸为 $a\times b$ 的四边简支矩形板承受集中力 P，集中力作用在坐标(ξ,η)处，求挠度的双傅里叶级数展开式中的系数

$$w(x,y)=\sum_{m=1}^{\infty}\sum_{n=1}^{\infty}A_{mn}\sin\frac{m\pi x}{a}\sin\frac{n\pi y}{b} \tag{13.128}$$

解：本题完全可以依照纳维解法进行求解，只需将分布载荷集度写为

$$q(x,y)=P\delta(x-\xi,y-\eta) \tag{13.129}$$

并利用狄拉克 δ 函数的性质

$$\int_0^a\int_0^b\delta(x-\xi,y-\eta)f(x,y)\mathrm{d}x\mathrm{d}y=f(\xi,\eta),\quad 0<\xi<a,\quad 0<\eta<b \tag{13.130}$$

即可。如果我们不知道狄拉克 δ 函数，该怎么办呢？

这时能量法的优势就凸显出来了。对于集中力这样在几何上存在奇异性的载荷，计算其外力势非常简单，

$$V=-Pw(\xi,\eta)=-P\sum_{m=1}^{\infty}\sum_{n=1}^{\infty}A_{mn}\sin\frac{m\pi\xi}{a}\sin\frac{n\pi\eta}{b} \tag{13.131}$$

则总势能为

$$W=\frac{D}{2}\sum_{m=1}^{\infty}\sum_{n=1}^{\infty}A_{mn}^2\,\frac{\pi^4ab}{4}\left(\frac{m^2}{a^2}+\frac{n^2}{b^2}\right)^2-P\sum_{m=1}^{\infty}\sum_{n=1}^{\infty}A_{mn}\sin\frac{m\pi\xi}{a}\sin\frac{n\pi\eta}{b} \tag{13.132}$$

求导

$$\frac{\partial W}{\partial A_{mn}}=DA_{mn}\,\frac{\pi^4ab}{4}\left(\frac{m^2}{a^2}+\frac{n^2}{b^2}\right)^2-P\sin\frac{m\pi\xi}{a}\sin\frac{n\pi\eta}{b}=0 \tag{13.133}$$

得

$$A_{mn} = \frac{4P \sin \dfrac{m\pi\xi}{a} \sin \dfrac{n\pi\eta}{b}}{\pi^4 Dab \left(\dfrac{m^2}{a^2} + \dfrac{n^2}{b^2}\right)^2} \tag{13.134}$$

13.10 本章习题

习题 13.1

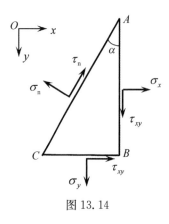

图 13.14

利用应力转换公式(1.26)推导板的内力矩的转换公式。如图 13.14 所示,记 xy 平面内的应力分量为 σ_x, σ_y, τ_{xy},在与 y 轴成 α 角的截面 AC 上,正应力与切应力记作 σ_n 和 τ_n。

(1) 用 σ_x, σ_y, τ_{xy} 和 α 表达 σ_n 和 τ_n;

提示:可直接利用第 1 章中的应力转换公式。

(2) 在截面 AC 上,弯矩和扭矩为 $M_n = \int_{-t/2}^{t/2} \sigma_n z \mathrm{d}z$, $M_t = -\int_{-t/2}^{t/2} \tau_n z \mathrm{d}z$,推导 M_n、M_t 与内力素 M_x, M_y, M_{xy} 以及角度 α 之间的关系。

习题 13.2

由弹性力学微分平衡方程式(1.6)~式(1.8)推导板的平衡方程式(13.36)、式(13.38)和式(13.39)。

提示:对微分平衡方程沿厚度积分,或计算其一阶矩(即乘以 z 之后再沿厚度积分)。

习题 13.3

基于 13.4.3 节推导等效剪力 V_x 的过程,分析:在梁理论中为什么不考虑作用在梁上的单位轴长外力矩 $m(x)$ 呢? 换言之,如果有 $m(x)$,它等效于什么呢?

习题 13.4

请求解圆心处有一集中力 P 作用下的周边简支圆板的挠度,圆板半径为 R,厚度为 t。如果板周边的条件改为固支,请计算板的挠度。

习题 13.5

用有限元模拟受均布载荷作用的周边简支圆板问题。

(1) 绘制挠度云图;

(2) 提取一条半径上的挠度数据,并绘制无量纲的 $w/(q_0 R^4/64D) - r/R$ 曲线,并将其与理论解进行对比。取 $\nu = 0.3$, $E = 200$ GPa, $q_0 = 100$ MPa, $t = 5$ mm, $R = 100$ mm。

习题 13.6

一块长度为 a、宽度为 $2a$ 的矩形薄板沿四边 $x=0$, $x=a$, $y=-a$, $y=a$ 简支。抗弯刚度为 D,泊松比 $\nu = 0.3$,受到横向分布载荷 $q(x, y) = q_0 \sin(\pi x / a)$ 的作用。若挠度为如下形式:

$$w = \frac{q_0 a^4}{\pi^4 D} \left(1 + A \cosh \frac{\pi y}{a} + B \frac{\pi y}{a} \sinh \frac{\pi y}{a} \right) \sin \frac{\pi x}{a}$$

试确定常数 A, B 的值。

答案:$A = -0.2213$, $B = 0.0431$。

习题 13.7

一块边长为 a 的四边简支方板受到 $q(x, y) = q_0 (\pi x / a)$ 的作用,试求该问题的纳维解。

答案:$w = \dfrac{8 q_0 a^4}{\pi^6 D} \displaystyle\sum_{m=1}^{\infty} \sum_{n=1,3,5}^{\infty} \dfrac{(-1)^{m+1}}{mn(m^2 + n^2)^2} \sin \dfrac{m\pi x}{a} \sin \dfrac{n\pi y}{a}$。

习题 13.8

基于平面应力的应变能密度表达式 $U^e = (\sigma_x \varepsilon_x + \sigma_y \varepsilon_y + \tau_{xy} \gamma_{xy})/2$,推导板的应变能算式(13.114)。

习题 13.9

考虑在 xy 平面内占据区域 P 的薄板,其中面的边界记作 ∂P。为简便,我们只考虑 P 为单连通区域的情形。边界 ∂P 上任一点处的外膜力记作 $\{F_x, F_y\}^T$,局部法向量记作 $\{n_x, n_y\}^T$,如图 13.15 所示。

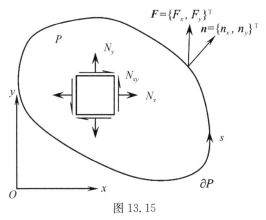

图 13.15

(1) 用 N_x，N_y，N_{xy}，n_x，n_y 表示 F_x，F_y。

(2) 面内外力做功为 $W_N = \oint_{\partial P} (F_x u + F_y v) ds$，其中 u，v 为边界上点的位移分量，s 为弧长，用面内载荷 N_x，N_y，N_{xy} 和位移 u，v 的导数来表达 W_N。

提示：① 可能需要与面内载荷有关的平衡方程；② 运用二维空间的高斯定理，即对于区域 P 内的任意矢量场 $\{v_x, v_y\}^T$，有 $\oint_{\partial P} (v_x n_x + v_y n_y) ds = \iint_P \left(\dfrac{\partial v_x}{\partial x} + \dfrac{\partial v_y}{\partial y} \right) dA$。

(3) 中面上的面内应变为

$$\varepsilon_x = \frac{\partial u}{\partial x} + \frac{1}{2} \left(\frac{\partial w}{\partial x} \right)^2, \quad \varepsilon_y = \frac{\partial v}{\partial y} + \frac{1}{2} \left(\frac{\partial w}{\partial y} \right)^2, \quad \gamma_{xy} = \frac{\partial u}{\partial y} + \frac{\partial v}{\partial x} + \frac{\partial w}{\partial x} \frac{\partial w}{\partial y}$$

它们造成了与面内载荷有关的额外应变能

$$U_N = \iint_P (N_x \varepsilon_x + N_y \varepsilon_y + N_{xy} \gamma_{xy}) dA$$

可以这么考虑：在初始未变形的板中施加面内载荷，板不产生挠度；然后再施加横向载荷使得板产生挠度，在此过程中面内载荷在面内应变上做的功就是 U_N。这是内力的功，当然是应变能的一部分。注意到，在挠曲的过程中面内载荷不变化，所以 U_N 的算式中没有 $1/2$。请推导与面内载荷有关的势能 $\Pi_N = U_N - W_N$。

习题 13.10

一块长度为 a、宽度为 b 的四边简支矩形薄板在不受载时有如下初始缺陷：

$$w_0 = A_{11} \sin \frac{\pi x}{a} \sin \frac{\pi y}{b}$$

在板的两侧边 $x = 0$，a 处施加面内载荷 N_x。假设由加载引起的挠度为

$$w_1 = B_{11} \sin \frac{\pi x}{a} \sin \frac{\pi y}{b}$$

请用能量法计算 B_{11}。

提示：先推导带初始曲率的板含面内载荷时的总能量算式。

第 14 章 板 的 稳 定 性

与压杆类似,薄板在面内的压缩、弯曲、剪切等载荷的作用下,会出现突然由平直状态转变为横向弯曲的现象,也称为屈曲。

14.1 矩形板单向受压屈曲

14.1.1 理论模型

矩形薄板在面内单向均匀压缩膜力作用下的屈曲是最基础的薄板屈曲问题。考虑一块四边简支矩形板 $a \times b$,在一对边 $x=0$ 和 $x=a$ 上受到压缩膜力 N_x 的作用,其未发生屈曲时的平直状态如图 14.1 所示。

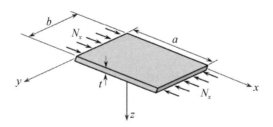

图 14.1 受面内压缩的四边简支矩形板示意图

屈曲意味着板中产生了非零的挠度 $w(x, y)$,我们用能量法分析此时 N_x 需要满足什么条件。设挠度为

$$w(x, y) = \sum_{m=1}^{\infty} \sum_{n=1}^{\infty} A_{mn} \sin\frac{m\pi x}{a}\sin\frac{n\pi y}{b} \tag{14.1}$$

代入总势能的算式

$$\Pi = \frac{D}{2}\iint_{\Omega}\left[(w_{,xx} + w_{,yy})^2 - 2(1-\nu)(w_{,xx}w_{,yy} - w_{,xy}^2)\right]\mathrm{d}x\mathrm{d}y -$$

$$\frac{1}{2} \iint_\Omega N_x w_{,x}^2 \, \mathrm{d}x \, \mathrm{d}y \tag{14.2}$$

得

$$\Pi = \frac{\pi^4 abD}{8} \sum_{m=1}^\infty \sum_{n=1}^\infty A_{mn}^2 \left(\frac{m^2}{a^2} + \frac{n^2}{b^2}\right)^2 - \frac{\pi^2 b}{8a} N_x \sum_{m=1}^\infty \sum_{n=1}^\infty m^2 A_{mn}^2 \tag{14.3}$$

由最小势能原理 $\dfrac{\partial \Pi}{\partial A_{mn}} = 0$ 导出

$$\frac{\partial \Pi}{\partial A_{mn}} = \frac{\pi^4 abD}{4} A_{mn} \left(\frac{m^2}{a^2} + \frac{n^2}{b^2}\right)^2 - \frac{\pi^2 b}{4a} N_x m^2 A_{mn} = 0 \tag{14.4}$$

注意 $A_{mn} = 0$ 是平凡解，我们关注的是非零解 $A_{mn} \neq 0$，因此有

$$N_{x,\,\mathrm{cr}} = \frac{\pi^2 a^2 D}{m^2} \left(\frac{m^2}{a^2} + \frac{n^2}{b^2}\right)^2 \tag{14.5}$$

称为该四边简支薄板的第 (m, n) 阶临界载荷。注意其与例题 13.3 和例题 13.4 结果之间的联系。

对于其他边界条件，则可重新选择基函数并重复上述过程以获得临界载荷。

14.1.2　临界载荷

观察临界载荷式(14.5)，$N_{x,\,\mathrm{cr}}$ 与阶数 (m, n) 有关。我们只关心最小的临界载荷。$N_{x,\,\mathrm{cr}}$ 随 n 单调增加，所以取 $n = 1$ 即可

$$N_{x,\,\mathrm{cr}} = \frac{\pi^2 a^2 D}{m^2} \left(\frac{m^2}{a^2} + \frac{1}{b^2}\right)^2 = \frac{k \pi^2 D}{b^2} \tag{14.6}$$

式中的系数

$$k = \left(\frac{mb}{a} + \frac{a}{mb}\right)^2 \tag{14.7}$$

是阶数 m 和长宽比 a/b 的函数。对于一块长宽比 a/b 固定的板，使 k 取最小值的阶数 m 就是该薄板发生屈曲时的模态阶数，即受压方向上的半波数量。

系数 k 与长宽比 a/b 的关系为图 14.2 所示的曲线族，每个 m 值都对应曲线族中由式(14.7)描述的一条曲线。

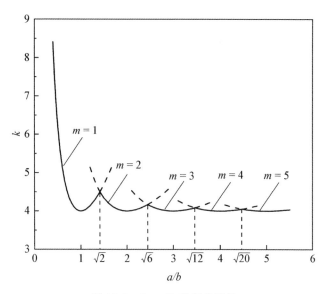

图 14.2　k-a/b 关系曲线族

1）半波数目 m 的确定

对于每个 m 值，k 都随 a/b 的增大先降后升，最低点发生在 $a/b=m$；m 和 $m+1$ 对应的两条相邻曲线之交点满足

$$\frac{mb}{a}+\frac{a}{mb}=\frac{(m+1)b}{a}+\frac{a}{(m+1)b} \tag{14.8}$$

解之得

$$(a/b)_{m,\,m+1}=\sqrt{m(m+1)} \tag{14.9}$$

所以满足

$$\sqrt{(m-1)m}<a/b<\sqrt{m(m+1)},\, m\in\mathbb{N}^{+} \tag{14.10}$$

的 m 值就是该薄板一阶屈曲模态中沿受压方向的半波个数。

图 14.3 所示为有限元软件算出的五种典型长宽比的板的一阶模态中的半波个数，与图 14.2 和式(14.10)结果完全一致。

2）系数 k 的确定

式(14.10)表明，图 14.2 中每个 m 值对应的曲线只有长宽比 a/b 落入式(14.10)所描述范围的那一段才是有用的，因此用实线绘制；不在这一范围内的曲线并不对应最低的临界载荷，因此用虚线绘制；各段实线首尾相连所形成的

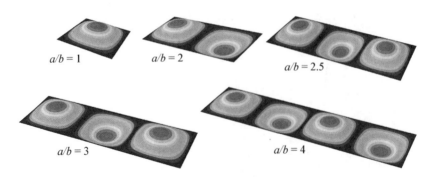

图 14.3　几个典型长宽比对应的屈曲模态

线就是系数 k 与长宽比 a/b 的关系曲线,也是曲线族的底部包络。只要给定板的长宽比,我们就可以从该曲线上读出系数 k 的值,再用式(14.6)计算临界载荷 $N_{x,\,cr}$。

　　然而在实际结构的分析与设计中,我们一般不会这么做,因为太麻烦。注意到图 14.2 中曲线族的底部包络呈现一个重要特征,即当 $a/b \geqslant 1$ 时,k 一直在其最小值 4 以上一个很小的范围内波动,最高的局部尖峰出现在 $a/b = \sqrt{2}$,此时 $k = 4.5$,比 4 大不了多少;对于常用的板,$a/b \geqslant 5$,此时 k 与 4 的差别更小了。对于结构的初步设计而言,细究这点差别毫无必要,因此索性取 $k = 4$。

　　对于其他边界条件,或者其他面内载荷形式(剪切、弯曲),临界载荷也有类似式(14.6)的算式,且系数与长宽比的关系也与图 14.2 中的包络相似,通常取 a/b 很大时 k 的渐进值作为该载荷在该组边界条件下的系数 k 的值。显然,系数 k 取决于载荷形式和边界条件,而且边界约束越强,k 值越大。几组典型边界条件下的 k-a/b 关系曲线如图 14.4 所示。

14.1.3　临界应力

　　由式(14.6)可计算四边简支矩形板的临界屈曲应力,代入板的抗弯刚度式(13.14),得

$$\sigma_{cr} = \frac{N_{x,\,cr}}{t} = \frac{k\pi^2}{12(1-\nu^2)} E\left(\frac{t}{b}\right)^2 = KE\left(\frac{t}{b}\right)^2 \tag{14.11}$$

式中,K 为板的屈曲系数,

$$K = \frac{k\pi^2}{12(1-\nu^2)} \tag{14.12}$$

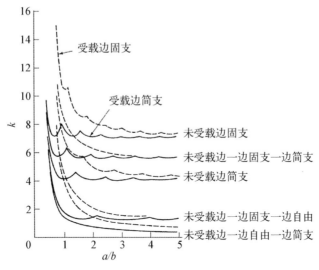

图 14.4　几组典型边界条件下的 k-a/b 关系曲线

（图片来源：参考文献[1]）

由于大部分金属来说，泊松比都在 0.2～0.35 这一小范围内，影响不大，所以屈曲系数 K 主要取决于系数 k，即主要受边界条件的影响。

14.1.4　增强薄板稳定性的措施

增强薄板稳定性就是要提高临界应力 σ_{cr}。注意式（14.11），临界应力取决于三个要素：K，E 和 t/b，因此可以针对性地提出提高临界应力 σ_{cr} 的措施。

（1）改变边界条件。

通过增强边界上的约束，例如自由改简支、简支改固支，在板身上增加横向约束（如类似于例题 3.2 中的弹簧）等，可有效地提高屈曲系数 K。但是构件与其他构件之间的连接条件是由飞机总体设计方案确定的，往往不能轻易更改。

（2）增大材料模量 E。

这是最直接的方法，例如复材换成金属，铝换成钢等，但是模量大的材料往往更重，会增加飞机总重量。

（3）提高板的厚宽比 t/b。

板的宽度是由总体设计方案给定的，一般不会更改，所以可以考虑增加厚度，但是这又会显著增加板的重量，因为增重量与板面积 ab 成正比。

工程中常用的方法是沿板的纵向（受压方向）布置加强筋，相当于将一块板分割成了 n 块宽度为 b/n 的细长板，临界应力变为原先的 n^2 倍，而重量的增加与 n 呈线性关系。这种做法可在安全性与轻量化之间取得较好的平衡。

（4）上述方法组合使用。

14.2　带缺陷方板临界载荷值确定和索斯维尔图

与其他结构一样，真实的板不可能是完美的平板，记初始缺陷为

$$w_o = \sum_{m=1}^{\infty} \sum_{n=1}^{\infty} A_{mn} \sin \frac{m\pi x}{a} \sin \frac{n\pi y}{b} \tag{14.13}$$

由加载引起的挠度为

$$w_1 = \sum_{m=1}^{\infty} \sum_{n=1}^{\infty} B_{mn} \sin \frac{m\pi x}{a} \sin \frac{n\pi y}{b} \tag{14.14}$$

例题 13.4 指出，在膜力 $-N_x$ 的作用下，系数 B_{mn} 为

$$B_{mn} = \frac{A_{mn} N_x}{\dfrac{\pi^2 D}{a^2}\left[m + \dfrac{n^2}{m}\left(\dfrac{a}{b}\right)^2\right]^2 - N_x} \tag{14.15}$$

对于方板 $(b=a)$，第 $(1,1)$ 阶模态占据主导，因此

$$w_1 = \frac{A_{11} N_x}{N_{x,\,cr} - N_x} \tag{14.16}$$

转换得

$$w_1 = N_{x,\,cr} \frac{w_1}{N_x} - A_{11} \tag{14.17}$$

据此可以将实验数据绘制成索斯维尔图，斜率即为临界载荷，与 2.2.4 节类似。

14.3　薄壁梁的局部失稳

受轴压杆件的常见失稳模式有三种。

1）整体失稳

长细比 $L_e/r > 80$ 的长细杆受压时倾向于发生整体失稳，即第 3 章所述的压杆屈曲。整体失稳的特征是：杆轴线发生显著弯曲，屈曲波形的半波长与杆的长度处于同一量级，截面形状不发生变化。

例题 14.1　超弹性镍钛合金柱的欧拉屈曲

图 14.5 为超弹性镍钛（NiTi）合金柱的屈曲，与第 3 章所述的压杆屈曲一

致,这是典型的整体失稳。

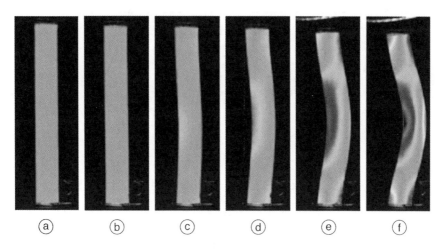

图 14.5　超弹性镍钛合金柱的欧拉屈曲

(图片来源:参考文献[8])

2) 局部失稳

长细比 $L_e/r < 20$ 的短粗杆受压时倾向于发生局部失稳,特征是:杆轴线仍保持直线,杆的截面形状在屈曲处发生显著变化,屈曲波形的半波长与截面内特征尺寸处于同一量级。

例题 14.2　超弹性镍钛合金薄壁管的局部失稳

图 14.6 为一根径厚比 $D/t = 23.6$ 的超弹性镍钛(NiTi)合金管在单轴压缩实验中的名义应力-应变曲线和若干时刻的试件照片。从③开始,在靠近上端处出现沿环向三个周期的屈曲波瓣,⑥时刻又在其下方出现第二组波瓣。这种三周期波瓣是典型的局部失稳现象。

3) 混合失稳

长细比 $20 < L_e/r < 80$ 的薄壁杆件可能会发生整体和局部混合失稳,较为复杂。需要指出的是,三种失稳模式的分界是模糊的,并非精确值。

出于减重的考虑,航空航天领域大量使用薄壁结构。图 14.7 为常用的薄壁梁截面。这些截面都由薄壁组成,因此在初步的设计工作中,可以将几段壁板各自当成一块矩形板以分析梁的局部失稳。整体失稳的分析方法我们已经在第 3 章中学习过了。

运用上述思想分析局部失稳时,涉及每块板的边界条件如何处理的问题。梁的两端即壁板的受压侧通常当作简支边,自由边不必做特殊处理,较为棘手的

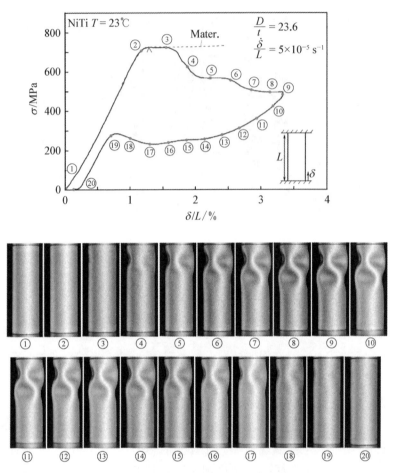

图 14.6 超弹性镍钛合金薄壁管的局部屈曲

（图片来源：参考文献[9]）

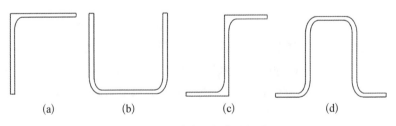

图 14.7 几种常用的薄壁梁截面

是两块相邻壁板连接处该作为何种边界条件处理。较为精确的解必须通过对梁进行准确建模才能得到,作为初步的分析,我们采用的办法是将两块相邻壁板连接之处当作简支边处理,如此得到的临界应力近似解较为保守。因此,所有的壁板按边界条件可分为两类,一是四边简支,二是受压边简支,非受压边一边自由一边简支。对于前者,有系数 $k=4$,可按式(14.12)算出屈曲系数 K 的值,对于典型的泊松比 $\nu=0.3$,有 $K=3.62$;对于后者,有系数 $k=0.43$,可按式(14.12)算出屈曲系数 K 的值,对于典型的泊松比 $\nu=0.3$,有 $K=0.39$。

板的临界应力算式仍为

$$\sigma_{cr}=KE\left(\frac{t}{b}\right)^{2} \tag{14.18}$$

14.4　加筋板的屈曲临界应力分析

航空航天飞行器中大量使用薄壁结构,特别是薄板和薄壁梁。薄板的强度、刚度、稳定性都是相对弱的,越薄就越弱。对板进行加强的方法通常是布置加强筋,而非增加厚度。一个典型的加筋板的截面如图 14.8 所示。

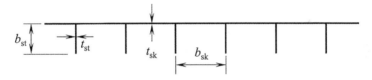

图 14.8　典型的加筋板截面

加强筋可视为受压边简支、非受压边一边自由一边简支的矩形板,其宽度为 b_{st},厚度为 t_{st},则其临界应力为

$$\sigma_{cr}=\frac{0.43\pi^{2}}{12(1-\nu^{2})}E\left(\frac{t_{st}}{b_{st}}\right)^{2} \tag{14.19}$$

被加强的板(比如蒙皮)被加强筋分割成一道一道的狭长矩形条,宽度为 b_{sk},厚度为 t_{sk},则其临界应力为

$$\sigma_{cr}=\frac{4\pi^{2}}{12(1-\nu^{2})}E\left(\frac{t_{sk}}{b_{sk}}\right)^{2} \tag{14.20}$$

例题 14.3　加筋板的三种典型失稳模式

图 14.9 所示的机翼内部在蒙皮内侧设置了帽型截面桁条,桁条的两根缘条与蒙皮相连接。相邻两根桁条的间距为 b,展向相邻两块翼肋间的距离为 L,蒙皮厚度为 1.6 mm,桁条截面的尺寸如图 14.9 所示。翼型虽然有曲率,但是因为桁条间距比弦长小得多,所以可以把相邻桁条之间的蒙皮当作板。请问机翼有哪几种失稳模式? 如果这些失稳模式在相同的应力水平下发生,那么 b 和 L 各是多少? 设所有部件的材料性质相同,$E=69\ \text{GPa}$,$\nu=0.3$。

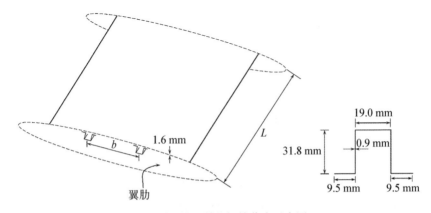

图 14.9　某机翼的加筋蒙皮示意图

解: 有三种失稳模式:① 机翼的整体失稳,即欧拉屈曲;② 蒙皮的局部失稳,即相邻桁条间蒙皮的屈曲;③ 桁条的局部失稳,即桁条最薄弱的那块壁板的屈曲。其中模式③的屈曲应力是可以直接求出来的

$$\sigma_{cr}=\frac{4\pi^2}{12(1-\nu^2)}E\left(\frac{0.9}{31.8}\right)^2=\frac{4\pi^2}{12(1-0.3^2)}69\,000\left(\frac{0.9}{31.8}\right)^2=200\ \text{MPa}$$

$$(14.21)$$

对于模式②,

$$\sigma_{cr}=\frac{4\pi^2}{12(1-\nu^2)}E\left(\frac{1.6}{b}\right)^2=\frac{4\pi^2}{12(1-0.3^2)}69\,000\left(\frac{1.6}{b}\right)^2=200\ \text{MPa}$$

$$(14.22)$$

可求出 $b=56.5\ \text{mm}$。

在计算整体失稳的临界应力时,严格的做法是计算整个截面的惯性矩,但是这样做就烦琐了,在初步的设计中是不必要的。我们取一根桁条以及与其相连的一段蒙皮为代表性截面,如图 14.10 所示。注意,此处取蒙皮宽度为 30 倍厚度,即 48 mm,这种取法是经验性质的。

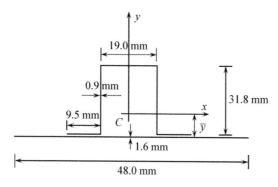

图 14.10　一段加筋蒙皮示意图

蒙皮到截面形心的距离为

$$\bar{y} = \frac{19 \times 0.9 \times 31.8 + 2 \times 31.8 \times 0.9 \times 15.9}{48 \times 1.6 + (19.0 + 2 \times 31.8 + 2 \times 9.5) \times 0.9} = 8.6 \text{ mm} \quad (14.23)$$

用平行轴定理计算截面相对于中性轴的惯性矩为

$$I = 19 \times 0.9 \times 23.2^2 + 2\left(\frac{0.9 \times 31.8^3}{12} + 0.9 \times 31.8 \times 7.3^2\right) +$$

$$2 \times 9.5 \times 0.9 \times 8.6^2 + 48 \times 1.6 \times 8.6^2$$

$$= 24\,022.7 \text{ mm}^4$$

$$(14.24)$$

由临界应力算式

$$\sigma_{cr} = \frac{\pi^2 EI}{AL^2} = \frac{\pi^2 \times 69\,000 \times 24\,022.7}{168.2 \times L^2} = 200 \text{ MPa} \quad (14.25)$$

得 $L = 697$ mm。

14.5　张力场梁

　　用薄板制作梁来承受剪力时,薄板中的剪力可能会使之发生屈曲。为了提高受剪时的临界屈曲应力,使用加强筋将板分割成数个格状腹板,同时在上下缘连接缘条,利用它来承受弯曲造成的轴力,这就形成了如图 14.11 所示的梁。考虑梁受到末端集中载荷 W 的作用,假设所有剪力都由腹板承担,且腹板中的剪

应力 τ 均匀,则剪应力 $\tau = W/td$,方向如图 14.11(b)所示,其中 τ、d 分别为腹板的厚度和深度。

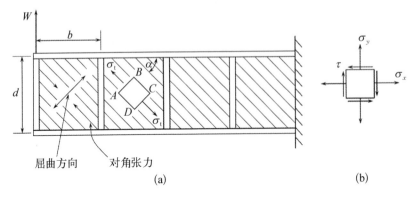

屈曲方向　　对角张力

(a)

(b)

图 14.11　典型的张力场梁

当剪应力达到临界水平时,腹板中将产生如图 14.11 所示的屈曲。将剪应力场转化为等效的双轴拉压应力场,受压方向大致就是屈曲的方向,因为只有压缩才会导致屈曲。板屈曲后,弯曲变形将导致沿拉伸方向的皱纹,即图中的斜线。与梁的屈曲不同,周边受约束的板在屈曲后并不会立刻失去承载的能力。通常认为沿屈曲方向的压缩应力不会再继续增加,但是与之垂直方向上的拉伸应力可以继续增加,这就形成了**张力场**。如果我们在分析时忽略与皱纹垂直方向上的压缩应力,即认为腹板处于完全的张力 σ_t 作用之下,则该张力场称为完全张力场,该梁称为完全张力场梁,简称张力场梁。

14.5.1　腹板中的应力状态

在图 14.11 所示的 xy 坐标系中,腹板的剪应力分量 $\tau_{xy} = -\tau = -W/td$,

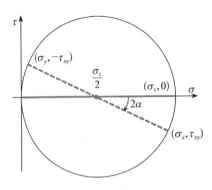

图 14.12　张力场梁腹板中应力
状态的莫尔圆

接下来我们试求解腹板中的正应力 σ_x 和 σ_y。记皱纹与水平方向的夹角为 α,它的求法在后文交代。现在我们知道的信息是,将 xy 坐标系绕 z 轴沿顺时针方向旋转 α 角之后,腹板就处于单轴拉伸应力状态,应力等于张力场大小 σ_t;换言之将单轴拉伸应力沿逆时针方向旋转 α 角之后就是图 14.11 中 xy 坐标系中的应力分量。单轴应力状态的莫尔圆如图 14.12 所示,圆心位于 $(\sigma_t/2, 0)$,半径等于 $\sigma_t/2$,水平方向的直径即对应张力场。回忆 1.2.4 节中关于莫尔圆的知识,将水平方向的直径沿逆时针方向旋转 2α 角,直径两端坐标为 (σ_x, τ_{xy}) 和 $(\sigma_y, -\tau_{xy})$。

据此可直接计算

$$\tau_{xy} = -\frac{\sigma_t}{2}\sin 2\alpha = -\sigma_t \sin \alpha \cos \alpha = -\frac{W}{td} \tag{14.26}$$

因此得

$$\sigma_t = \frac{W}{td \sin \alpha \cos \alpha} \tag{14.27}$$

从而

$$\sigma_x = \frac{\sigma_t}{2} + \frac{\sigma_t}{2}\cos 2\alpha = \sigma_t \cos^2 \alpha = \frac{W}{td \tan \alpha} \tag{14.28}$$

$$\sigma_y = \frac{\sigma_t}{2} - \frac{\sigma_t}{2}\cos 2\alpha = \sigma_t \sin^2 \alpha = \frac{W \tan \alpha}{td} \tag{14.29}$$

14.5.2　缘条中的应力状态

铺设缘条的初衷是承受弯矩在上下缘条中造成的轴力。由于缘条的截面积非常小,因此认为梁中的弯矩与缘条中的轴力平衡,设上、下缘条中的轴力分别为 F_T, F_B。截取从最左端到 x 处的梁,通过图 14.13 中的受力平衡分析可知

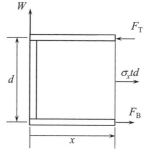

$$F_T = \frac{1}{d}\left(Wx + \sigma_x td\,\frac{d}{2}\right) = \frac{Wx}{d} + \frac{\sigma_x td}{2} = \frac{Wx}{d} + \frac{W}{2\tan \alpha} \tag{14.30}$$

$$F_B = \frac{1}{d}\left(Wx - \sigma_x td\,\frac{d}{2}\right) = \frac{Wx}{d} - \frac{\sigma_x td}{2} = \frac{Wx}{d} - \frac{W}{2\tan \alpha} \tag{14.31}$$

图 14.13　缘条中的轴力

可见最大轴力发生在梁的最右端截面上。

除轴力之外,腹板中的 σ_y 给缘条施加了横向均布载荷 $\sigma_y t$,而缘条在与加强筋连接处可看作固支(见图 14.14)。经过求解(见习题 2.1),可知最大弯矩发生在缘条与加强筋连接处,大小为

$$M_{\max} = \frac{\sigma_y t b^2}{12} = \frac{W b^2 \tan \alpha}{12d} \tag{14.32}$$

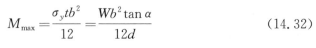

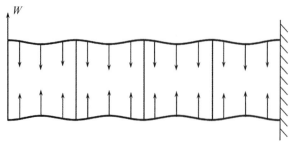

图 14.14 缘条的弯曲

而该弯矩造成的应力可由第 2 章知识分析。

14.5.3 加强筋中的轴力

截取如图 14.15 所示的一段加强筋以及周边腹板,可见腹板中的应力 σ_y 在加强筋中造成了压缩轴力 P,且

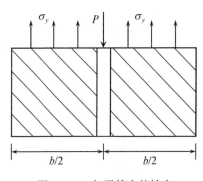

$$P = \sigma_y t b = \frac{Wb}{d} \tan \alpha \tag{14.33}$$

受轴向压缩就有可能会发生屈曲。为计算加强筋的临界载荷,采用下列判据确定其有效长度:

$$L_e = \begin{cases} d / \sqrt{4 - 2b/d}, & b < 1.5d \\ d, & b \geqslant 1.5d \end{cases}$$

图 14.15 加强筋中的轴力

$$\tag{14.34}$$

14.5.4 皱纹的倾斜角

至此,张力场梁的腹板、缘条、加强筋的力学状态似乎都清楚了,但是皱纹的倾斜角 α 还没有求出,可以用最小势能原理求解。对于所有部件都用同样材料制成的张力场梁,有

$$\tan^2 \alpha = \frac{\sigma_t + \sigma_F}{\sigma_t + \sigma_S}, \quad \sigma_F = \frac{W}{2A_F \tan \alpha}, \quad \sigma_S = \frac{Wb}{A_S d} \tan \alpha \tag{14.35}$$

式中,A_F 和 A_S 分别为缘条和加强筋的横截面积。经整理可得

$$\tan^4\alpha = \frac{1+td/2A_F}{1+tb/A_S} \tag{14.36}$$

由该式可以直接计算 α。

例题 14. 4 张力场梁的分析

考虑图 14.11 所示的悬臂梁。已知 $W=5$ kN,$b=300$ mm,$d=400$ mm,缘条和加强筋的截面积分别为 350 mm² 和 300 mm²,缘条的截面模量为 750 mm³,腹板厚度为 2 mm,加强筋的惯性矩为 2 000 mm⁴。整个梁所用材料相同,模量为 70 GPa。请计算缘条中的最大应力,并确定加强筋是否发生了屈曲。

解: 第一步是由式(14.36)计算角度 α,

$$\tan^4\alpha = \frac{1+td/2A_F}{1+tb/A_S} = \frac{1+2\times400/(2\times350)}{1+2\times300/300} = 0.714\,3 \tag{14.37}$$

得 $\alpha=42.6°$,接下来计算上缘条中的最大轴力

$$F_T = \frac{5\times1\,200}{400} + \frac{5}{2\times\tan42.6°} = 17.7 \text{ kN} \tag{14.38}$$

以及由此造成的正应力为

$$\sigma_T = \frac{17.7\times10^3}{350} = 50.6 \text{ MPa} \tag{14.39}$$

上缘条中的最大弯矩为

$$M_{max} = \frac{Wb^2\tan\alpha}{12d} = \frac{5\times10^3\times300^2\times\tan42.6°}{12\times400} = 8.620\,8\times10^4 \text{ N} \cdot \text{mm} \tag{14.40}$$

由此造成的最大弯曲应力为

$$\sigma_b = \frac{8.620\,8\times10^4}{750} = 114.9 \text{ MPa} \tag{14.41}$$

上缘条中的最大正应力为

$$\sigma_{max} = \sigma_T + \sigma_b = 165.5 \text{ MPa} \tag{14.42}$$

加强筋中的轴力为

$$P = \frac{Wb}{d}\tan\alpha = \frac{5\times300\times\tan42.6°}{400} = 3.4 \text{ kN} \tag{14.43}$$

因为 $b < 1.5d$，所以

$$L_e = d / \sqrt{4 - 2b/d} = 253 \text{ mm} \tag{14.44}$$

加强筋的临界载荷为

$$P_{cr} = \frac{\pi^2 \times 70\,000 \times 2\,000}{253^3} = 22.0 \text{ kN} \tag{14.45}$$

可见加强筋并未屈曲。

14.6 本章习题

习题 14.1

一块厚度为 t 的板在 y 方向宽度为 b，x 方向长度为 $l = 2b$，如图 14.16 所示。平行于 x 轴的两边固支，平行于 y 轴的两边简支。均匀的面内压应力 σ 沿 x 轴作用在两条平行于 y 轴的边上。假设板的挠度满足如下形式：

$$w = A_{11} \sin \frac{m\pi x}{l} \sin^2 \frac{\pi y}{b} \tag{14.46}$$

请用能量法求解板的临界屈曲应力 σ_{cr} 和一阶模态的 x 方向半波数 m。

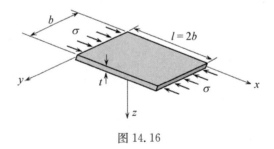

图 14.16

习题 14.2

某部件加筋板的部分截面如图 14.17 所示。板的长度为 500 mm。材料的杨氏模量为 70 GPa，屈服强度为 300 MPa。对于四边简支和三边简支一边自由的板，屈曲系数 K 分别为 3.62 和 0.385。

（1）计算加筋板的临界载荷；

（2）假设在屈曲起始后，板中的应力 σ 与内力素 N_x 之间开始呈现抛物线型关系 $\sigma = C N_x^2$，试求解最终失效（即发生屈服）时的内力素 $N_{x,\text{failure}}$。

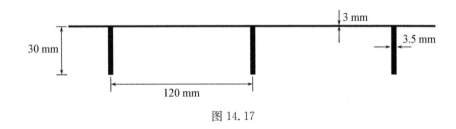

图 14.17

习题 14.3

一简支梁的跨度为 2.4 m,在跨中承受 10 kN 的集中力。上下缘条的截面积均为 $300\ \text{mm}^2$,竖直方向的腹板加强筋的截面积为 $280\ \text{mm}^2$。梁的深度为 350 mm,加强筋间距为 300 mm。请计算缘条中的最大轴力和加强筋中的轴力。设腹板的厚度为 1.5 mm,且腹板在屈曲后只承受对角张力场。

习题 14.4

由式(14.35)推导式(14.36)。

附录　专业术语英汉对照表

B

包络	envelope
薄膜比拟	membrane analog
半程函数	half-range function
本构关系	constitutive relation
变分	variation

C

长细比	slenderness ratio
次级翘曲	secondary warping
重调和	biharmonic

F

分岔	bifurcation
腹板	web

G

隔板	buckhead
惯性矩	moment of inertia

H

互等定理	reciprocity theorem
互反的	anticlastic
回转半径	radius of gyration

J

基尔霍夫	Kirchhoff
集度	intensity
极惯性矩	polar moment of inertia
加强筋	stiffener
简支	simple support
剪力中心	shear center

K

柯西	Cauchy
抗弯刚度	flexural rigidity
框	frame

L

临界载荷	critical load

M

麦考利法	Macaulay's method
面力	traction
莫尔圆	Mohr's circle
膜力	membrane force

N

能量法	energy method
扭转	twisting, torsion
扭率	rate of twist

O

欧拉	Euler

Q

齐次	homogeneous

奇异函数	singularity function
翘曲	warping
曲率	curvature
屈曲	buckling
屈曲模态	buckling mode
缺陷	imperfection

R

热胀系数	coefficient of thermal expansion

S

失稳	instability

T

弹性	elasticity
特解	particular solution
特征值	eigenvalue
通解	general solution
退屈曲	unbuckling

X

虚位移	virtual displacement
虚功	virtual work
悬臂	cantilever

Y

翼肋	(wing) rib
应力	stress
应变	strain
应变花	strain rosette
应变片	strain gauge
有效长度	effective length

缘条	flange
运动可能状态	kinematically admissible states
运动学	kinematics

Z

张力场	tension field
张量	tensor
褶皱	wrinkle
中性面	neutral plane
中性轴	neutral axis
主翘曲	primary warping
柱	column
柱形杆	prismatic bar

参 考 文 献

[1] MEGSON T H G. Aircraft structures for engineering students[M]. 6th ed. Oxford: Butterworth-Heinemann, 2017.

[2] 薛明德,向志海. 飞行器结构力学基础[M]. 北京:清华大学出版社,2009.

[3] 刘莉,孟军辉,岳振江. 飞行器结构力学[M]. 北京:科学出版社,2022.

[4] 于哲峰,蒋东杰,余音. 飞行器结构分析基础[M]. 上海:上海交通大学出版社,2022.

[5] 陆明万,罗学富. 弹性理论基础(上、下册)[M]. 2版. 北京:清华大学出版社,2001.

[6] 殷雅俊,范钦珊. 材料力学[M]. 3版. 北京:高等教育出版社,2019.

[7] TIMOSHENKO S, WOINOWSKY-KRIEGER S. Theory of plates and shells[M]. 2nd ed. NewYork: McGraw-Hill, 1959.

[8] WATKINS R T, SHAW J A. Unbuckling of superelastic shape memory alloy columns [J]. Journal of Intelligent Material Systems & Structures, 2018, 29(7): 1360 - 1378.

[9] JIANG D, BECHLE N J, LANDIS C M, et al. Buckling and recovery of NiTi tubes under axial compression[J]. International Journal of Solids and Structures, 2016, 80: 52 - 63.